カラスの文化史

カンダス・サビッジ
監修 松原 始 訳 瀧下 哉代

X-Knowledge

First Published by Greystone Books Ltd.
343 Railway Street, Suite 201, Vancouver, B.C. V6A 1A4, Canada

Japanese translation rights arranged with GREYSTONE BOOKS LTD.
Through Japan UNI Agency, Inc., Tokyo

ブックデザイン：大竹竜平
翻訳協力　株式会社トランネット

［＊］内の説明は監修者および訳者による訳注です

鳥の世界の賢者たちとの出会い

INDEX

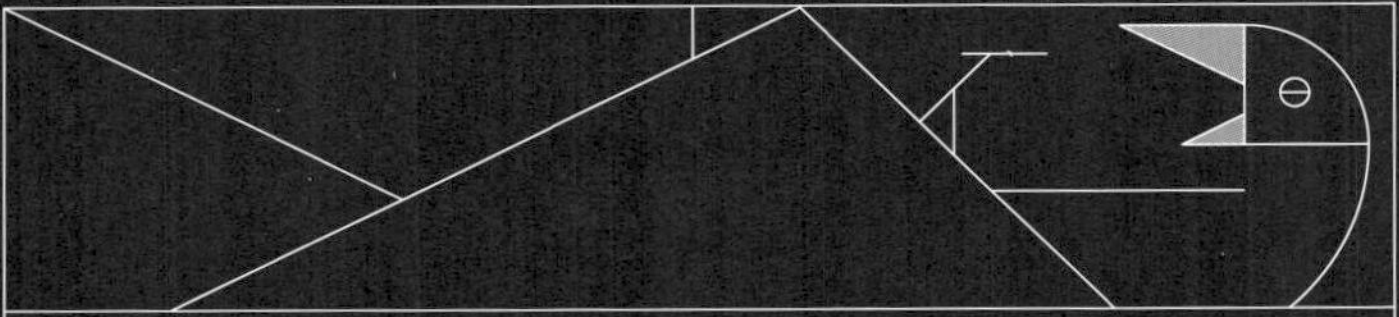

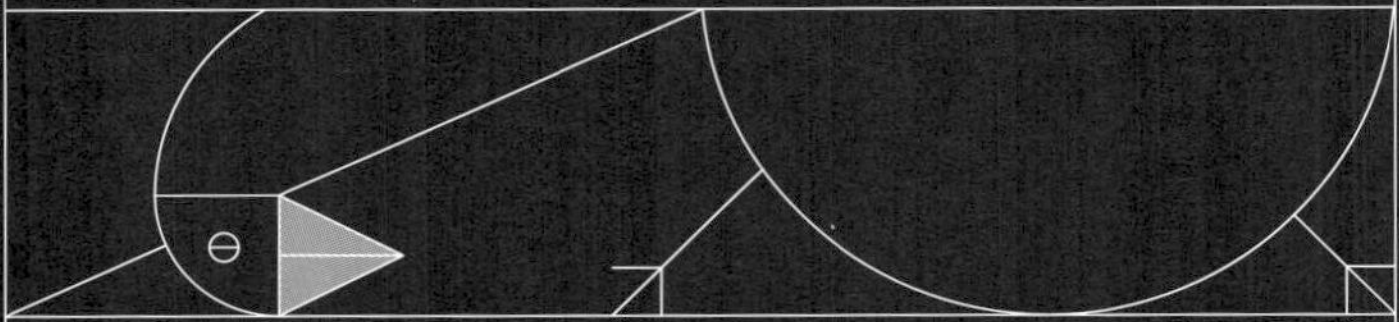

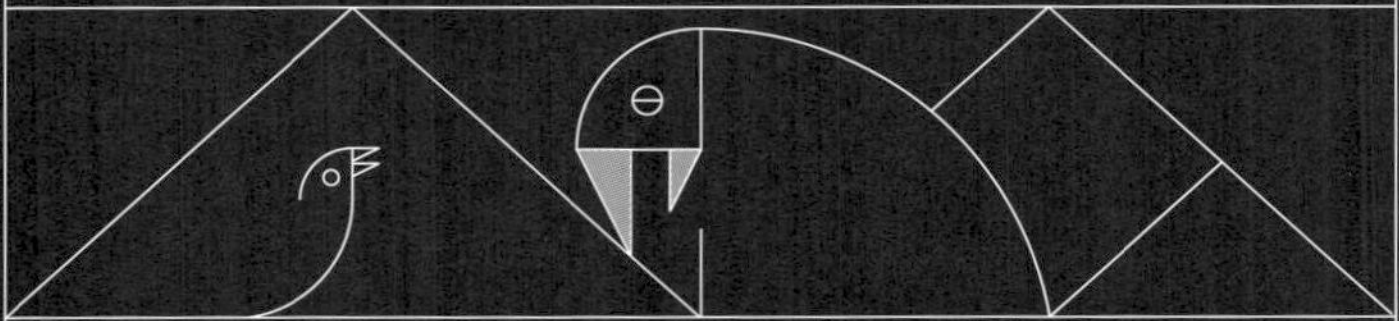

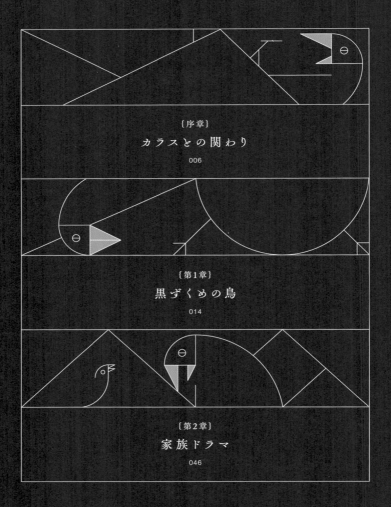

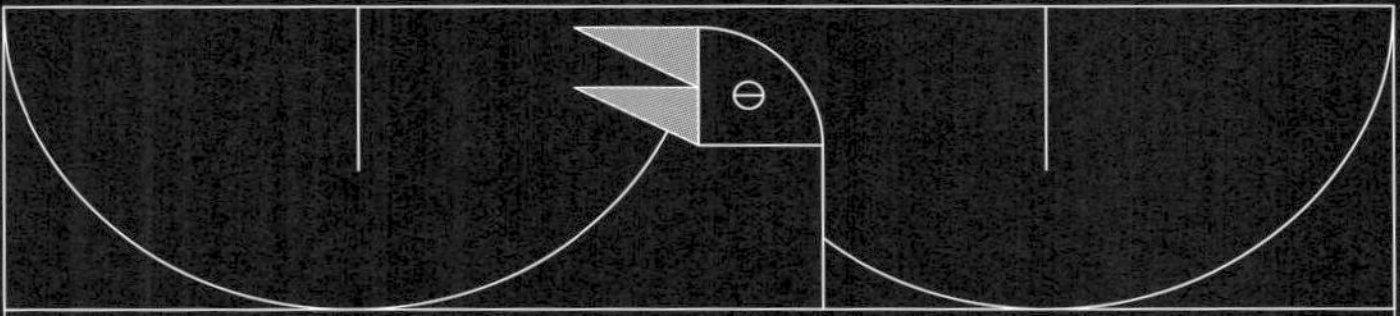

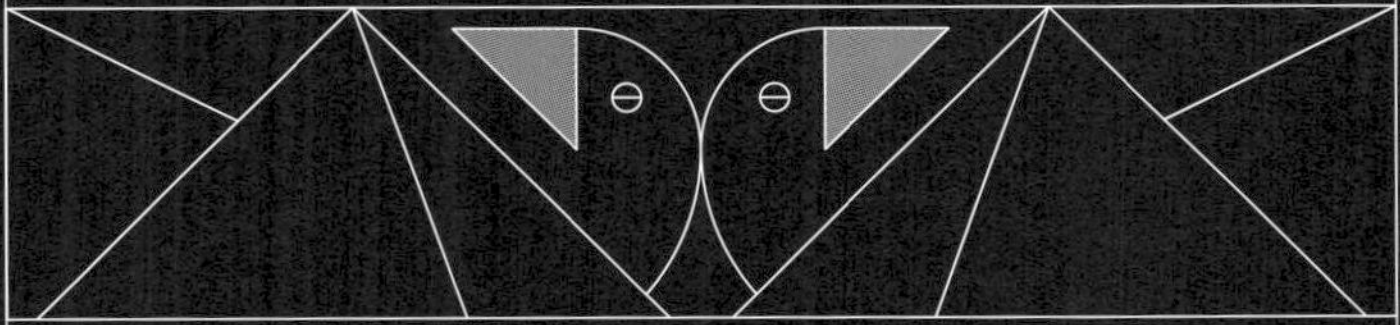

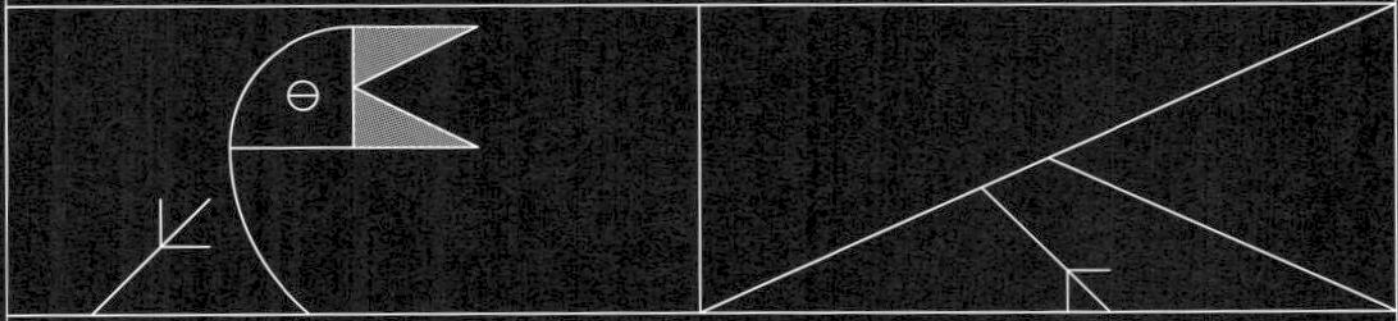

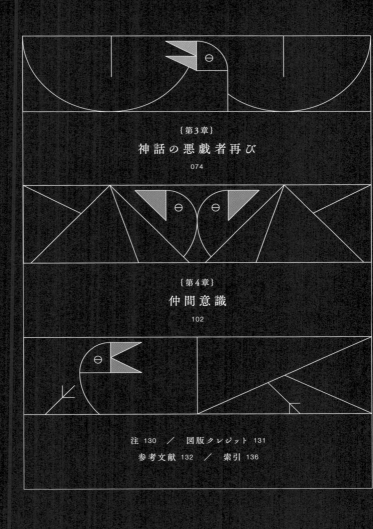

{序章}

カラスとの関わり

ご多分に漏れず、私にもカラスにまつわる思い出がある。カナダ北部の森を歩いていたときのこと、まさにカラスの代表と呼ぶにふさわしいワタリガラス〔＊カラス科最大級の鳥で、北半球に広く分布し、日本では北海道で冬の渡り鳥として観察される。全長約63cm〕が頭上に現れ、私を見下ろしてガアガアと鳴き、横転を2度見せて、滑るように飛び去って行った。まるで「私はワタリガラスだぞ。かわいそうに、お前は違う」と言っているかのようだった。また、私が住んでいる町の郊外で、車の窓越しにチラリと見えたアメリカガラス〔＊北アメリカに広く分布する。全長約47cm〕は、嘴で枝にぶら下がり、ぐるぐると風に揺れていた。どこへ行くのやら、しなやかな身のこなしで、鳴きながら空中をすうっと滑空していく。そういうカラスたちを見ることは、日常のこの上ない喜びだ。カラスに出会う一日は幸先がよい。

残念ながら、誰もがこの黒い野鳥に惚れ込んでいるわけではない。人によっては、ワタリガラス、ニシコクマルガラス〔＊ヨーロッパ、西アジア、北アフリカに分布する。全長約35cm。全体は黒色で頬と後頸、頸部、虹彩は灰色〕、ミヤマガラス〔＊ユーラシア大陸中緯度地方に分布し、日本にも冬鳥としてほぼ全国に飛来する。全長約45cm。全身は黒色だが、嘴の基部の肌がむき出しになり白っぽいのが特徴〕など、カラスとその仲間たちは実に忌々しい厄介者でしかない。カラスをもう少し好意的に観察する人は、スカベンジャー（自然界の清掃人）としてのカラスの役割を評価するかもしれないが、カラスを毛嫌いする人たちは死骸や腐敗物を餌にしていることに嫌悪感を抱く。あなたや私がカラスの鳴き声を聞いて「あれ、この鳴き声には何か意味があるのかな？」と興味をそそられることがあっても、ほかの人たちにとっては単なる雑音でしかない。また、捕食者と被食者の複雑な関係について思慮深く考えを巡らせる人がいる一方で、美しい声で鳴く野鳥をカラスが捕食することに警戒心を募らせ、非難する人もいる。これに関して、次の点を指摘しておくべきだろう。カラスは確かに卵やヒナ鳥を捕食するものの、こういう被害が鳴き鳥の数を減少させたという証拠はない。ただし、残念ながら、アメリカ南西部に生息し、絶滅が危ぶまれているサバクゴファーガメについては話が違う。ワタリガラスがごみ箱をあさって数が急騰したせいで、壊滅的な被害を受けているのだ。

うれしいことに、カラスに不信感を抱く人の数だけ、カラスに喜びを覚え、カラスの素晴らしさが分かる人たちがいる。本書の執筆は多くの点で楽しいものだったが、その1つに、増大する一群のカラスファンと近づきになれたことがある。思いがけないことに、インターネット上には、世界のさまざまな地域のカラス好きが集う活気あふれるコミュニティがあり、みんなしゃかりきになってお互い

「羽毛の同じ鳥は群れる（Birds of a feather flock together、類は友を呼ぶ）」のことわざ通り、この版画にはカラス４種とカラスの近縁種１種が描かれている。中景の手前から時計回りに、ニシコクマルガラス、ミヤマガラス、ハシボソガラス〔＊ユーラシア大陸東部と西部に分布し、日本ではほぼ全域に分布する留鳥。全長約 53cm〕、近縁種のアメリカカササギ（カラス科カササギ属の鳥で、北アメリカ西部に分布する。全長約 50cm。全体は黒色で、肩と腹部は白色。全長の半分を占める長い尾は青緑色の光沢を持つ）。前景ではワタリガラスがウサギの死骸をついばんでいる

のカラス話を分かち合っているのだ。フライドポテトを持った子供の上から、くしゃくしゃに丸まった袋を落としてぶつけたワタリガラスの話を聞いたことがあるだろうか？　あるいは、来る日も来る日も、昼休みの駐車場で同じ工場労働者を見つけ出し、お辞儀だの、カラカラいう鳴き声だのを熱心に披露してもてなすカラスたちの話は？　こういう話をはじめ、実に多くの話が、世界中のちょっとマウスをクリックした先で紹介されている。

しかし本書は、カラスという魅惑の鳥たちとの日々の出会いを称えるだけの本ではない。私の狙いはもっと深い場所にある。本書に掲載した情報は、主として10年以上にわたる体系的な研究に基づいている。往々にして独創的なその研究は、ヨーロッパ、北米、オーストラリアという主要3地域の一流の科学者によるものだ。光栄なことに、私はそういう専門家の多くの方々と話し、未発表のものも含め、研究成果について直接話を聞く機会に恵まれた。特に、次の方々から賜ったご協力に感謝申し上げる。スペイン、セビリア大学のビットリオ・バグリオーネ。オーストリア、ウィーン大学コンラート・ローレンツ研究所のトーマス・バグニャール。アメリカ、ビンガムトン大学のアン・クラーク。イギリス、ケンブリッジ大学のニッキー・クレイトン、スイス、エンギスト・サイエンス・コンサルティングのピーター・エンギスト。アメリカ、カリフォルニア科学アカデミーのシルビア・ホープ。ニュージーランド、オークランド大学のギャビン・ハント。イギリス、オックスフォード大学のアレックス・カチェルニク。アメリカ、ワシントン大学のジョン・マーズラフ。アメリカ、コーネル大学鳥類学研究所のケビン・マッゴーワン。アメリカ、メリーランド大学先端コンピューター研究所のシ

カラスは雑食性で、食べられるもの全てに強い関心を示す。このアメリカガラスの版画はジョン・J・オーデュボンの絵画をもとに彫版工のロバート・ハベルが彫り上げた

ンシア・シムズ・パー。アメリカ、イエローストーン国立公園イエローストーン環境資源研究所のダニエル・スターラー。アメリカ、バーモント大学のバーンド・ハインリックは、2000年の『カナディアン・ジオグラフィック』誌に発表された「Reasoning Ravens（理性的なワタリガラス）」と題した記事のためにインタビューに応じてくれた。カナダ、オンタリオ州フォートエリーのジョン・スパーコと、アラスカのジュノー猛禽類保護センターのサンディ・ハーバナクを初めとする方々からエピソードを寄せていただいた。バーバラ・ホジソンは、28ページに掲載された素晴らしいイラストを提供してくれた。また、最近まで全米オーデュボン協会の西ナイルウイルスの専門家を務めていたキャロリー・カフリー博士の熱意と知識と寛大さに特別な感謝の言葉を贈る。

多忙にもかかわらず、私の多くの質問に答えてくれたカラス好きの皆さん、それだけでなく、原稿の関連する部分の校閲までしてくれた方々。以上の皆様のご協力と、何よりも、カラスにも似た、周りの世界に対する好奇心に感謝申し上げる。

読者のお手元にあるこの本は、2005年に同じ題名で出版された本の新装増補版である。出版以来、読者に好評をいただいてきたこの初版本が火付け役となり、たちまち私のもとに物語が押し寄せるようになった。郵便・電話・メールで舞い込んでくるカラス話は、盗みや暴力、思いがけない癒しや笑い、ミステリーや驚きの物語だった。カラスがピカピカ光る宝物を隠し場所に溜め込むように、私もこういう物語を大切にしまい込んだ。

このコレクションから珠玉の物語を選び出し、本書に盛り込もうというアイデアは、私の出版人であり長年の協力者でもある、グレイストーン・ブックスのナンシー・フライトとロブ・サンダーズの発案であり、両氏に心から感謝を申し上げる。また、追加資料の編集に協力いただいたシラローズ・ウィレンスキー、CBCラジオ・ワンのポッドキャスト『B・C・アルマナック』のマーク・フォーサイスと彼のリスナーの関心と協力に感謝を申し上げたい。本書が大幅に増補されたのは、次の方々の寄稿のおかげである。比類なきルイーズ・アードリッチ、故バーニス・ギルクリスト（ローリー・レイシーのウェブサイト www.thewayofthecrow.com を介してギルクリストの物語が収集された）、ローレン・ギルパトリック、ロレーン（レイン）・ジョンソン、ポーシャ・プリガート、ジャック・トンプソン（マイケル・J・ウェスターフィールドと彼のウェブサイト www.crows.net を介して）、バーバラ・イエースレイ。

カラスたちは来る日も来る日も、自らの物語を私たちの暮らしの至る所に書き記す。彼らは筆ならぬ羽を振るい、その一言一言が自由を意味する。

綴るカラス

作　ポーシャ・プリガート

浮遊する
山際で
指のような両翼の先が颯と描く引用符
‘カラス’
カー、カーと2度鳴く
‘カッコ、カッコ閉じ’
と言いたくて
風切羽のウィットにゆらゆら揺れる
そして新しい草稿の始まり

LITERATE CROW

by portia priegert

hovers
on the mountain’s lip
its fingered wings a quick citation
‘crow’
it caws twice
as if to say
‘quote, unquote’
teeters on pinions of wit
then begins a new draft

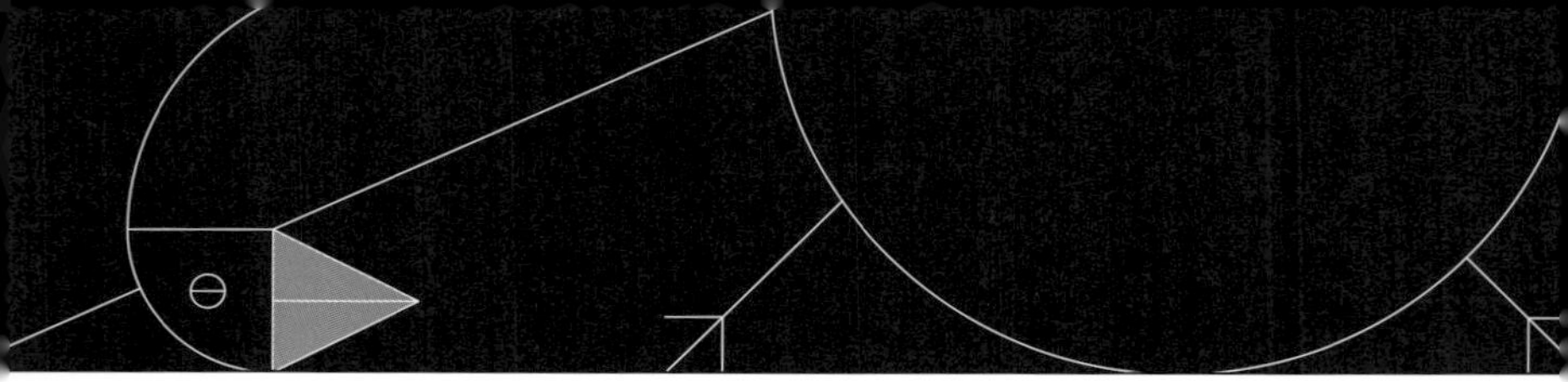

｛第1章｝

黒ずくめの鳥

ここはフィジーの西方、南太平洋に浮かぶ島。艶やかな黒いカラスが、木漏れ日の差し込む熱帯雨林の青葉をつつき回している。カラスは餌探しに神経を集中させ、枝から枝へ、こちらの植物からあちらの植物へと飛び回り、ヤシの葉の根元を頑丈な嘴で突いたり、首をかしげて樹皮の割れ目を検分したりしている。そこには肉汁たっぷりのムカデやゾウムシ、カミキリムシの幼虫などが隠れているのだが、その多くはカラスには届かない。植物の奥深くに潜り込んでいるか、木の幹に開けられた虫食い穴の底で丸まっているからだ。

The Birds in Black

普通の鳥ならここでくじけてしまうところだが、我らがカラスは違う。ためらいもせず、近くの木へ飛んで行くと、数分前に置いてきたばかりの小枝を拾い上げる。一見したところ何の変哲もない枝である。在来種のホルトノキ属の落葉樹エラエオカルプス・ドグニエンシス（*Elaeocarpus dognyensis*）〔＊熱帯、亜熱帯に分布するホルトノキ科ホルトノキ属の植物。ホルトノキ属には世界的に約３５０種が属し、ニューカレドニアは31種類が分布、そのうち29種は固有種である。この科の植物はほとんどが常緑樹である〕の小枝から、葉と皮をむしり取っただけのようだ。ところが、よく観察してみると、小枝の根元のほう、カラスが枝からポキリと折った部分が、かじられて小さな鉤状になっているのが分かる。これを使ってカラスが何をするのかご覧にいれよう。嘴でその小枝をつかむと、カラスはまっすぐ餌場に戻って来た。枝の一方を頭の側面で支えるようにして持つと、鉤状のほうを先にして、この道具を手際よく割れ目に差し込む。嘴で小枝をツンツンと上下に動かした後引っ張り出すと、その先には、美味しそうな虫がもぞもぞと身をよじらせている。カラスが道具の使い手と呼ばれる所以《ゆえん》はこの行動にある。

高度な技術を持つこの鳥は、ニューカレドニアに住むカレドニアガラス（*Corvus moneduloides*）で、メラネシア〔＊オーストラリアの北東に連なる島々〕の離島である、グランドテール島とマレ島だけに生息する（ニューカレドニアはフランス領で、オーストラリアのブリスベンから北東に約１５００kmの距離にある）。ニュージーランドのオークランド大学の生物学者ギャビン・ハントにより、カレドニアガラスの高度な道具使用行動が１９９６年に初めて記録されると、このニュースは名門学術雑誌『ネイチャー』のトップ記事になり、それまでほとんど知られていなかったこの鳥は一躍有名になった。

また、カレドニアガラスに注目が集まると、科学界の熱い関心は、あっという間に世界中のありとあらゆるカラスの種に広がっていった。

カラスたちはすぐ外の庭先にいて、街灯の上から私たちを観察し、飼い犬から食べ物を盗み、筋金入りのけたたましい鳴き声で早朝の静けさをぶち壊す。さて、カラスの仲間には、道具を作り使用するといった、最近まで人間特有のものだと見なされていた行動を日常的に行うものがいることが分かった。とすれば、ほかの傲慢な黒ずくめの賢者たちは、一体どんな秘密を隠しているのだろう？

バイキングの鞘の金具に使われたワタリガラスのデザイン

槍を完成させたカラス

オーストラリア先住民の神話によると、昔々、ワシとカラスという2人の偉大な鳥が対立していた。両者とも槍で狩りをしていたが、獲物を仕留めるときに槍が抜けにくいように、返しが付いた槍頭の作り方を知っているのはワシだけだった。ワシはその秘密を守ろうとしたが、ある夜、カラスはみんなが寝静まっている間に、ワシの槍頭を隠し場所から取り出してじっくりと観察した。それ以来、カラスは返しの付いた槍を作り、自分でカンガルーを仕留められるようになった。

世界のカラス

世界には約45種のカラスがいる（局所的な亜種を別種として扱うかまとめて扱うかによって、この見積もりが多くなる場合と少なくなる場合がある）。ワタリガラス、コクマルガラス、ミヤマガラスなど、様々な通称のカラスが知られているが、全てカラス属の一員だ。〔＊２０１６年、コクマルガラスとニシコクマルガラスは *Coloeus* 属に分類された〕艶のある黒い（白が混じる場合もある）羽根、騒々しい鳴き声、私たちの意表をつく無限の能力を備えた同じ仲間の変種だ。カラスのなかで最小の種のひとつ、ニシコクマルガラス（*Corvus monedula*）は大型のオカメインコほどの大きさだ。カラスは通常、中くらいか、やや大きいサイズの鳥だが、頑丈な嘴と強靭な足を持ち、探検と発見に適した冒険心を備えている。カラス属のなかで最も体格のよいワタリガラス（*Corvus corax*）は、コンゴウインコと同じくらい大きく目立ち、印象的であり、流暢な鳴き声や、翼が立てる衣擦れの音、鋭い注意力が特徴だ（ワタリガラスは世界で最も広く分布する鳥の1種で、ユーラシア大陸全域、北アフリカ、アメリカ大陸の北部まで、北半球一帯に広く見られる）。

これら最小と最大のカラスの間に、国際的カラス軍団のそのほかのメンバーが位置する。例えば、ヨーロッパとアジアだけに分布する十数種のなかには、群生するミヤマガラス（*Corvus frugilegus*, ユーラシア大陸全域で、農地でおなじみの鳥）や、ズキンガラス（*Corvus corone cornix* ヨーロッパに生育し、頭部と翼と尾は黒で、体は灰色）〔＊別種 *Corvus cornix* とする場合もある〕と、ハシボソガラ

左から右へ、ハシボソガラス、ワタリガラス、アフリカに分布するムナジロガラスとオオハシガラス

スが含まれる。さらにアフリカの在来種が8、9種、オーストラリアの固有種は5、6種ある。例えば、オーストラリアに生息するミナミワタリガラス（*Corvus coronoides*）は、徐々に弱まっていく物悲しい鳴き声の持ち主で、それよりほんの少し小型のミナミコガラス（*Corvus bennetti*）は、威勢のよい曲芸飛行で有名だ。そのほか、ニューカレドニアとニューギニア島からジャマイカに至る、南太平洋と西インド諸島の島々に固有種が十数種いる。

奇妙なことに、南米にはカラスが存在しない。そのためこの地のバードウォッチャーは、カラスに一番近い種である、色鮮やかなカケスやカササギが豊富なことで満足せざるを得ない（生物分類上、種の上に位置する階級を属といい、カラス、カケス、カササギは異なる属だが、その1つ上の階級では同じカラス科に属する）。北米は、ここだけにしか生息しない4種のカラスに恵まれている。北西海岸沿いに生息する社交的なヒメコバシガラス（*Corvus caurinus*）。東部の海岸地域に生息し、鼻声のような独特の鳴き声を持つ艶やかなウオガラス（*Corvus ossifragus*）。メキシコ北部とアメリカ南西部に生息する、がっしりした体格のシロエリガラス（*Corvus cryptoleucus*）。元気いっぱいのアメリカガラス（*Corvus brachyrhynchos*）は、ほぼどこでも姿が見え、鳴き声が聞こえる。北米であれ、その他北半球のどこであれ、カラスたちのけたたましいコーラスを締めくくるのは、ワタリガラスだ。彼らは朗々と物申しながら、鬱蒼とした森や、寒々としたツンドラ地帯の上空をさまよい、いくつもの海を渡っていく。

北欧神話のヴァルハラ宮殿の上空を浮遊するワタリガラスのフギンとムニン。
イギリスの挿絵画家アーサー・ラッカムの作

カラスは、カラスらしくしていること自体が自己主張である。何かにつけてこう言っているように聞こえる。「私はここにいるぞ。ここは私の世界、私の支配下だ。それを忘れるなよ」。恥ずかしがり屋とは正反対、カモフラージュとは無縁で、まさに自己顕示の権化である。彼らの「宣伝用具一式」は、仲間の注意を引くことが主たる目的であるとはいえ、人間の耳と目を引き付けるのにも理想的な周波数になっている。ちっちゃくてかわいい野鳥を見かけたなら、慌てて双眼鏡に手を伸ばし、必死でノブを回してピントを合わせるところだが、大きく目立つカラスなら観察して識別するのは簡単だ。一般に、少し時間を割いて特定の目印を学びさえすれば、カラス属の個々の種を見分けられる。例えば、ワタリガラスを生息域の重なるほかのカラスと区別する特徴は、体が大きいこと、鷲鼻のようながっしりした嘴、飛行中の尾が扇形ではなくひし形であること、などである。

カラスのガラガラ声でさえ、私たちの耳に心地よく響くとは言えないまでも、意外と愉快なものだ。カラスたちの口から発せられる音からは思いもしないだろうが、厳密に言うとカラスは鳴禽類《めいきんるい》に属し、美しい声でさえずる鳥の仲間である。とはいえパヴァロッティ、ドミンゴ、カレーラスの三大テノールも真っ青の声量豊かなアリアは得意ではない。その代わりカラスの発声は素朴で、私たちの耳に子音と母音のように聞こえる音が埋め込まれているので、「カー」だの「クワー」だのという鳴き声が、まるで人間とはまた異なった言語で意思表示をしているように思わせる。また、人間とカラスの間のこういう同調や共鳴は、印象的でもありドラマティックなことでもある。鳥と哺乳類の間に共鳴があるとは一体どういうことだろう？

理由はどうあれ、カラスが私たちの五感を刺激することは確かだ。彼らの耳障りな鳴き声は何世紀にもわたり、私たちの夢や神話に大きな影響を与えてきた。伝説のカラスが話すとき、神々でさえも耳を傾けるのだ。

◆不気味で不吉な古代のワタリガラス◆

古代ギリシアで、ワタリガラスは治療と予言と光明の神アポロンに仕える神聖な鳥として崇められていた。しかし、神の眷属《けんぞく》といえども揉め事に巻き込まれることがある。古代ローマの詩人オウィディウスが『変身物語』の中で語っているところによると、アポロンにはかつてコロニスという恋人がいた。テッサリア地方一の美女だったが、嘆かわしいことに、一番貞淑な女ではなかったようだ。アポロンのカラスは、当時は見事な銀白の鳥だったが、ある日のこと、コロニスの浮気の現場を目撃した。「容赦ない情報屋」として職務に忠実だったカラスは、主人アポロンのもとに直行すると、自分の見てきたことを大声で報告した。さて、オリュンポスの神々が激怒するのはよくある話だが、烈火のごとく怒ったアポロンは、弓矢を手に取るとコロニスの胸を射抜いた。と、ほぼ同時に後悔の念に苛まれた。恋人の命を救うことができなかったアポロンは、代わりに怒りの矛先をカラスに向けた。「言わぬが花の真実を口にした致命的なおしゃべりめ」と。思慮に欠けていた罰として、アポロンはカラスを白い鳥の仲間から追放した。だから今なお、カラスは闇夜のように黒く、しかも日光のように輝いている。

上の美しいフランスの装飾写本は1410年に遡り、ギリシア神話の光明の神アポロンと、その使いの白いワタリガラスが描かれている。その下で、教養ある人たちが学問的な題材について議論している

北欧神話において、ワタリガラスは神々の父にして戦争の神でもあるオーディンに話を聞かせる役目を負っていた。オーディンは知恵の泉の水を飲むために片目を代償にしたため、黒ずくめの腹心であるワタリガラスのフギンとムニンに「9つの世界を飛び回り、夜には玉座に舞い戻り、世界の状況に関するあらゆる知らせを私の耳に囁くように」と命じた。知らせは血なまぐさいものが多かった。それはムニンの名が「記憶」、特に死者の記憶を意味するからだ。また、ワタリガラスは残虐なヴァルキリー（古ノルド語ではvalkyrja、古英語ではwaelcrige、カラスの化身とも「戦死者を選定する者」とも言われる）にも関連づけられていた。この死体を貪る女神たちは未来が見えた。戦場に群がるだけでなく、戦いの結果を予言し、死ぬ運命にある戦士を選び取ることができた。アイルランドの戦争の女神バズヴも同様の血なまぐさい役割を担う、ワタリガラスかハシボソガラスの化身であった。

カラスはスカベンジャー、平たく言えば死骸を食べるので、剣や戦斧による殺戮の現場と関係づけられていたのは当然かもしれない。それとは対照的に、インドでは小柄でかわいらしいイエガラス（*Corvus splendens*）が家庭の風景につきものだ。国中の全てと言えるくらい、どの人家の周辺でも、密集した都会の真ん中でさえも姿が見られる。おそらくイエガラスは生育地を完全に人間に依存している鳥類の一種で、数百年にわたり人々と共同で暮らしてきた。ごみを餌にし、庭の木に巣作りし、高いビルのてっぺんから飛び立ってアクロバットを披露する。ただし、死者が薪の山の上に横たえられている火葬場でも、イエガラスの姿は見られる。生と死の両方の営みにカラスが密接に関わっているインドでは、カラスは祖先を喚起するものとして崇められ、近親者との死別の折や、シュラーッドという祖霊を迎える行事〔＊死後7日経つと死者の魂がイエガラスの姿となって戻るとされている。黒いカラスも来るが、こちらは悪魔の使いなので追い払うという〕でも丁重に供え物が与えられる。

もし、通りを跳ね回っているあのカラスたちが、大切な故人の思い出だったとしたらどうだろう？　それどころか、もしあの黒い輝きが、存在の真髄にある生命の神秘を表しているとしたら？

北半球の先住民のコミュニティでは（特に北米北西海岸とシベリア東部）、不敬で下品な精神を世界に分け与えたという、ワタリガラスの精霊（それ以外のカラスの場合もある）の伝承を大切に受け継いでいる。この上ないろくでなしで、礼儀や感情など一切お構いなしのこの偉大なカラスは、人間を創造しておきながら、ほぼ気まぐれから人間たちに死を宣告した。先住民族トリンギットの伝承に関する記録が、１９０９年にアラスカのランゲルで書面に残されている。それによると、ワタリガラスは2度人類を創造しようと試みた。１度目は石を材料にしたが、時間がかかりすぎたので諦めた。2度目に木の葉を使ってみると、使いやすい材料だったのでカラスに向いていた。「この葉っぱを見ろ」とカラスは自分が創ったばかりの人間たちに言った。「お前たちはこの葉っぱのようになるんだ。枝から落ちて腐ると、後には何も残らない」。だから人は死ぬのだ、と長老たちは言った。ワタリガラスが腐る木の葉から人間を作ったからだ、と。これに対してオーストラリア先住民の話では、偉大なるカラスは未亡人と戯れたいがために死を創造したという。

しかし、たとえワタリガラスが日和見主義で、往々にして軽率だったとしても悪意はなかった。自

博物学者のフランシス・オーペン・モリス牧師により、1851年の著書『A History of British Birds（イギリスの鳥の博物誌）』に描かれたワタリガラス

悪魔の鳥

西洋で魔女狩りが行われていた時代、カラスは時々悪魔として恐れられた。例えば17世紀、スコットランドのストラスネイバーでは、信心深い人々の集会があった。不気味なワタリガラスが家の中にいるように感じた一同は恐怖に陥った。このカラスの幻影に「悪魔」を見た人々は恐怖で身動きできなかった。その出来事の後、一日、また一日と過ぎ、一同は家主の息子を鳥の精霊に捧げることにした。もし、ある召使が止めに入っていなければ、実行に移されるところであった。結局、近所の人たちが力を合わせてその家の屋根をはがしたところ、カラスの恐ろしい呪いは解けた。

スティーン＝ツ夫人と息子。アラスカ南東部のトリンギット族は、ワタリガラスかハクトウワシを始祖とする社会集団に2分され、彼らはワタリガラスの集団の一員。身に付けているのは舞踊の衣装で、ポトラッチと呼ばれる祝いの儀式で使用された。1900年頃に撮影

分の創造物に対して、できるだけのことをしてやったからである。カラスは策略や盗み、誘惑を用いて日光や火、サケとロウソクウオ［＊キュウリウオ科の魚で、食用にしたり、乾燥させてろうそくの代わりに燃やしたりする］に恵まれた川など、人間たちが生き残るために必要なものを何から何まで与えてやった。さらに愛の営みの知識まで授けた。精力みなぎるカラスは喜んで実演して見せたのだ。カラスは心根が人間ととても似通っていたので、思うままに人間に姿を変えられた。また、赤ん坊や別の性別に成り済ますこともあったが、だいたいの場合は悲惨な結末に終わった。カラスの姿があるときには、愛する人が不可解な死に方をしたり、大切な物が失くなったりした。また、カラスの悪事が苦笑いを誘うものが多かった一方で、カラスの欠点も容赦なく目に付いた。しかし、カラスと彼の創造した人間たちにそれほど多くの共通点があるのは意外ではないだろう。なぜなら、それぞれが自分の姿に似せて相手を創造したからである。

鳥の直接の祖先は、
羽を持つ空飛ぶ爬虫類だと考えられている

黒づくめの鳥

進化のなかの革命

想像力を働かせて神話のカラスを見つめると、派手な衣装をまとった人間たちに見えてくる。彼らはうるさくて、よい意味で手なずけやすい、鳥のスーパーヒーロー一族だ。それでは、カラスを冷静で現実的な科学の目で見つめたら、どう見えるだろう？　カラスと人類との間に特別な関係を示唆するような、事実に基づく根拠が存在するだろうか？

一見したところ、人類とカラスを結びつけられそうな進化の証拠はない。古生物学者によると、生物の進化を示す系統樹のなかで、鳥類と哺乳類は２つの明確に異なる枝からそれぞれ発生している。両者の最も近い共通祖先は、両生類にどことなく似た生き物（有羊膜類）で、少なくとも2億８０００年前の石炭紀の終わりごろに熱帯の湿地林に生息していた。この時点で地球上の最も進化した生命体は、魚やカエルなど水生または半水生の生物で、一生の全てまたは一部を水中で過ごすことを余儀なくされていた。それに対し、鳥類と哺乳類の祖先は、陸地に直接産み落とせる固い石灰質の殻を持つ卵を産んだ。こうして、「固い大地《テラ・フィルマ》」の征服に向かって、早々と試験的な第一歩を踏み出したのである。

気の遠くなるほど大昔のその出発点から、進化は２つの分岐経路をたどった。

左から右へ、猫のティナ・ターナー、レイン・ジョンソン、カラスのアイリアラ

◆ アイリアラ ◆

ロレーン（レイン）・ジョンソンは、人生にちょうどよいタイミングで訪れ、希望と喜びをもたらしたカラスについて記している。

この体験には説明のつかない部分が多々あるが、確かに分かっていることだけを話そう。話の始まりは1997年5月30日、カナダ東部のノバスコシア州ウルフビル市スターズ・ポイント通りだ。庭では、多年草のアヤメやラッパスイセン、チューリップといった春の花々が背を伸ばし、溢れ出る樹液の香りが春の空気を満たしていた。ところが、この美しい季節とは裏腹に、私は傷心の日々を送っていたのである。

その年の5月、私は親友のケイトを亡くしたばかりで、深い悲しみに沈んでいた。彼女は愛する人たちに囲まれて自宅で死ぬことを望んだので、私たちはその希望を叶えてあげた。ジャンは棺桶を作り、友人たちは通夜を催した。皆で葬儀を計画し、ケイトは自分で墓石をデザインした。私は彼女の主たる介護者の一人だったので、彼女の死で喪失感に襲われた。

そんなとき、昼近くに電話が鳴った。それはメグという、近郊のポート・ウィリアムズ村に住む女性からだった。彼女とその連れ合いは、少し前に強風で木から落ちた巣の中から、1羽だけ生き残ったカラスのヒナを救出したばかりだという。そのみなし児には新しい家が必要だった。私に世話ができるだろうか？　数時間後、黒く絹のように艶やかな美しいヒナをメグが我が家に届けてくれた。

私はカラスを「アイリアラ」と呼んだ。このイタズラっ子の姿にケイトの魂を見た。よく私の肩に止まってイヤリングをかじっては、私の悲しみを紛らわせ、くすりと笑わせてくれた。彼女が1本の羽を嘴で小粋にくわえ、飼い犬の背中に横乗りしたとき、私は思わず吹き出した。友人のタバコの箱を盗み、タバコを1本1本取り出して鳥の水浴び用の水盤に落としたのを見て私は大笑いした。陽気で突飛な行動をとる彼女の存在が毎日を満たすにつれ、私は笑うようになった。アイリアラのおかげで、私とケイトとの関係が終わったわけではない、ただ変化しただけなのだと気付くことができた。

5カ月後、冬に備えて薪の束を積み上げている間にアイリアラは姿を消した。最初は、道路のすぐ先に住む近所の人にちょっかいを出しているだけだろうと思った。次に、きっと伴侶を見つけたのだろう、いつの日かお相手を連れ帰って来るようにと祈った。何週間も待っていたが、結局戻って来なかった。アイリアラのことを諦めるまでに、私はある決意を深めていた。アイリアラが私にしてくれたことを、今度は私がほかの人たちにしてあげる番だ。死という、魔法のような体験を乗り越えるのに力を貸すこと。それが、自分自身の使命だ。私はそう決意したのだった。

1つの系統は獣弓類（学名*Therapsida*は「獣顔」の意）で、最終的には最古の哺乳類を生じた。この哺乳類は、およそ2億2000万年前の三畳紀後期に出現し、体毛に覆われ、ちょこちょこ走り回る、トガリネズミ〔＊モグラやハリネズミと近縁の動物で、鼻先が尖っている〕のような生き物であった。もう1つの系統は竜弓類（学名*Sauropsida*は「トカゲ顔」の意）で、恐竜を始めとするあらゆる種類の爬虫類に進化した。鳥類の祖先については2つの説がある。1つは、鳥類は何らかの爬虫類を祖先とし、巨大な恐竜と並行して進化したという説（この根拠とされる化石は、アメリカのテキサス州で約2億2500万年前の地層から発見され、断片的ではあるが、鳥だと言いたくなるような特徴がある）。もう1つは、多くの専門家が主張する、鳥類は恐竜そのものの子孫だとする説（この根拠として、中国で約1億5000万年前の地層から羽毛の痕跡を持つ恐竜シノサウロプテリクスの繊細な化石が発見されている）〔＊現在では前者の説はほぼ否定されている。DNA分析による結果からも鳥類は獣脚類の直接の子孫とされており、後者の説がより有力となっている〕。

鳥の祖先に関する問題に最終的にどのような答えが出ようとも、明らかな事実が1つある。それは、哺乳類と鳥類との間に存在する進化上の隔たりは、想像を絶するほど大きいということだ。体表がふさふさの毛や羽で覆われた恒温動物として、鳥類と哺乳類をひとくくりにしていた生物の教科書で学んだ世代にとっては、これは意外な結論に映る。様々な違いはあれ、現存する生物のなかで、互いに最も近い近縁に当たると教わったからだ。ところが、最近になって状態のよい化石が続々と発掘され、遺伝子解析の技術が向上するにつれ、そこから得られる見識に基づいて、生物分類学者たちはこの2

つのグループの類縁の近さではなく遠さを強調し始めた。獣弓類の系統で唯一現存する哺乳類は、上位分類の有羊膜類のなかでそれ自体が哺乳綱として一大グループを形成している。一方、鳥類は現在、有羊膜類のもう1つの大きなグループ、トカゲ型類とも呼ばれる竜弓類に属し、爬虫類の下位グループとして分類されている。もし、カラスを含む鳥類が、美しく飾られたトカゲにすぎないというのが真実ならば、私たちがカラスたちと重要な共通点を持つ可能性はどれくらいあるのだろう？　おそらく、私たちがカラスに感じる親近感は希望的観測にすぎず、知性を持つ仲間を心の底から切望する気持ちの表れなのかもしれない。

しかし、神話のワタリガラスが次に何をしでかすか分からないように、この世には何が起こるか分からないものだから、単に可能性が低いからというだけでくじけてはならない。進化は、祖先となる単一の生物を出発点とし、それを様々な方向に分岐させ、大きく異なる生物を生じるだけでなく、そういう分岐の終着点を徐々に収斂する、すなわち互いに似通わせていくこともある。例えば飛行能力について言うと、昆虫類、爬虫類、哺乳類という3回の進化の節目に少なくとも3度発生している。ハチや鳥やコウモリは皆、現在飛行する生き物だが、それは別のグループに属するそれぞれの祖先が独自に、空を飛ぶというチャンスを捉え、気の遠くなるような年月をかけてその課題に取り組んだ結果である。生命は無限に変化する可能性を秘めており、進化の系統樹で遠く離れた枝に属する生物同士が同一の方向に向かい、類似した特徴を獲得するのはごく普通で、例外的なことではない。こういう進化的収斂により、カラスと人間とのつながりを説明できるだろうか？　もしそうだとしたら、私

◆最初の人間を作ったカラス◆

1890年代にアラスカの海岸の語り部を記録した『The Words of an Unalit, or Yup'ik（ウナリト族、あるいはユピック族の言葉）』より要約。

昔々、この世に人間がいなかった（と長老たちが言った）ころのことである。最初の人間は4日間ハマエンドウ（Lathyrus japonicus）の鞘の中に丸くなって収まっていた。5日目になると、脚を伸ばして鞘を弾けさせ、地面に落ちた。地面に降り立ったのは一人前の男だった。男が辺りを見回すと、……黒い物が波打つような動きで近づいて来るのが見え、男の目の前まで来ると止まった……。それはワタリガラスで、止まるとすぐ、片方の翼をもたげて、嘴を仮面のように頭の上まで押し上げると、たちまち人間に姿を変えた……

ついにカラスが口を開いた。「お前は何だ？　一体どこからやって来た？　お前のようなものを見るのは初めてだ」

そう言われて男は答えた。「あの鞘からやって来たのだ」と自分が入っていた植物を指差した。

「そうだったのか！」とカラスは叫んだ。「あのエンドウを作ったのは私だが、お前のようなものが出てくるとは知らなかった」

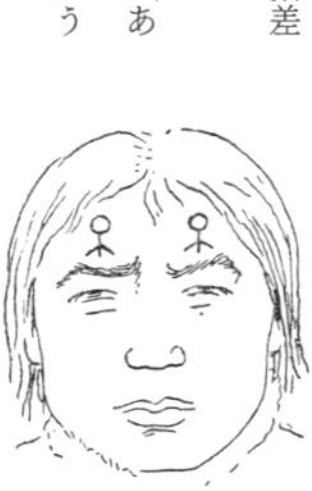

ワタリガラスの入れ墨が入ったユピック族の少年の顔。1890年代

たちとカラスはどの程度似てきただろう？　また、人間とカラスの類似という、ありそうにないことがどうして起こったのだろう？

カラスの大学

道具を製作し使用する能力は、長い間、知性の証だと見なされ、人類の顕著な特徴の1つだと考えられてきた（「人類の祖先がどう見ても並の動物ではなかったことを示す最初の兆候は、およそ250万年前までにアフリカで出現し始めた、極めて粗雑な石器だった」と生理学者のジャレド・ダイアモンドは著書『The Rise and Fall of the Third Chimpanzee（第三のチンパンジーの興亡）』で語っている）。また、道具の使用は生物界でまれな顕著な功績であることは間違いない。例えば、現存するおよそ8600種の鳥のなかで、貝殻や木の実を歩道に落として硬い殻を割ったり、獲物を壁に打ち付けたりといった、「技術」と思しき何らかの行動をとることが知られている鳥は100種ほどしかいない。もし、議論の範囲を「本当の道具の使用」、つまり「足または嘴で持った物体を操作し、仕事を遂行すること」だけに狭めるとしたら、該当する種の数は半分以下に激減する。この定義によるリストに含まれるのは、時々石でダチョウの卵を割るエジプトハゲワシや、小枝を使って割れ目を調べることがあるコガラの仲間たちといった稀な鳥《ララ・エイビス》（＊古代ローマの風刺詩人ユウェナリス『風刺詩集』の一節「Rara avis in terris nigroque simillima cycno（この世で黒鳥と同じくらいまれな鳥）」より」だけである。

道具を使用する鳥のリストで唯一、繰り返し登場する名はカラスである。例えば、アメリカのオクラホマ州からの報告では、アメリカガラスがフェンスの支柱から木の破片を割いて足の下に置き、まるで先端を尖らせるかのように先細りしたほうをつついていた。その後この道具を使ってクモが隠れていた狭い穴を突いたという。スカンジナビアでは、ハシボソガラスが穴釣り用の釣り糸を引っ張り上げることで知られている。手繰った釣り糸を足で押さえては引くことを繰り返し、釣り針にかかった獲物が何であれ盗んで飛び去っていく。また、日本の仙台では、やはりハシボソガラス（*Corvus corone orientalis*）が木の実を割る道具として車を使うことを覚えた。カラスたちは車が徐行するような道路や信号機のある交差点で待ち構えている。赤信号で車が止まるとさっと舞い降り、往来の通り道に硬い殻を持つ木の実を置く。車の流れが途切れるとカラスは割れた実を食べに降りて来て、もしまだ割れていなければ、置き場所を変えてやり直すのだ。

何と言っても一番驚異的なのは、カレドニアガラスだ。（観察した）全ての集団における全ての個体が日常的に簡単な道具を作り使用するのは、人間以外の種では2種だけらしい。チンパンジーがその1つとされ、もう1つがこのカレドニアガラスなのである（オランウータンや、アフリカゾウとアジアゾウ、ガラパゴス諸島のキツツキフィンチも道具を使うが、全ての集団ではなく、地理的に限定された集団に限られる）。また、カレドニアガラスは多彩な道具を作るという点でもずば抜けていて、1

○ 殻遊び ○

作　ポーシャ・プリガード

空から降っているのは
くるみ

カラスたちは舞い上がっては降りて来て、
木の実を舗道に落とし続ける
何度も何度も、とうとう
割れるまで

ある日、私は木の実を手にして、
かかとの下で圧し潰した
砕けた2つの半球が
道路の上に残された

1羽のカラスが
知らん顔して、待っていて
私のあとに、ツンとすましてやって来て
その青白い実を手に入れた

私は知っている、
この遊びの結末を—
私たちの間にまき散らされる
むなしさを

この類まれな写真は研究者のギャビン・ハントが撮影したもの。野生のカレドニアガラスが棒状の道具を使って木の幹の割れ目を調べている

種類だけでなく数種類の道具を作る。小枝を鉤付きまたは鉤無しの2種類の探針にする以外にも、タコノキ属のパンダヌスの長細く硬い葉から精巧な「階段状の」道具も製造する。嘴の側面を器用に使い、切り取る作業と引き裂く作業を代わる代わる行って切り出される形は、子供のお絵かきにあるような、やせっぽちのクリスマスツリーの片側に見える。葉の片側はまっすぐのまま残され、もう片側は上が尖っていて、下に向かうにつれ段階的に幅広くなるように切り取られている。探針としての細い先端と、安定性のある扱いやすい基部を兼ね備えたデザインだ。この道具の片側のまっすぐに残された縁に沿って元々棘が生えているが、カラスは最後の仕上げとして、この棘を上から下まできちんと下向きに湾曲させる。こうしておけば、この棘が割れ目の中から虫を掻き出すのに役立つからだ。

ただの鳥がこんなに込み入った加工品を作るとはどういうわけだろう？カラスはＤＮＡにプログラムされた知性のないロボットなのだろうか。それとも、見かけ通りの本当に賢い生き物なのだろうか。そうでなければ遺伝子のプログラムと明晰な頭脳が組み合わさり、道具作りの先天的な才能と、デザインと発明を好む気質を兼ね備えることになったのだろう。確かなことは誰にも分からない。しかし研究から分かっているのは、体の大きさにしては、カラスは地球上で最も頭のよい生き物の1つであり、鳥類（多分オウムを除く）のなかでずば抜けているのはもちろんだが、ほとんどの哺乳類にも勝るということだ。事実、体に対する脳の比率〔＊鳥類のように極端に軽量な動物に対して体重比を用いることには批判もある〕は、平均的な大きさのカラスの場合、チンパンジーの比率に近く、人間とも大差がない。また、私たち人間とほかの霊長類には大きな前頭葉があり、ここが高度な知性の中枢だと考えられているが、カラスも同じく非常に大きい前脳を持ち、ここが前頭葉に類似した機能を担っている可能性がある。人間の祖先が何らかの課題に直面した結果、小さな灰色の脳細胞を大量に蓄えるように進化したのであれば、それと同じ課題が進化圧となって、カラスの祖先も独自に優れた頭脳を手に入れたのだとは考えられないだろうか？

このような興味をそそられる疑問に対し、イギリス、オックスフォード大学の動物学者アレックス・カチェルニクをリーダーとする科学者のチームが調査を始めた。研究の第一段階として、チームはカレドニアガラスを捕獲して研究所にコロニーを作り、カラスの初歩的な物理学の知識をテストするための実験を設計している。現在まで〔＊2005年の原書初版出版時〕、このプロジェクトの主役はベティというカラスで、2000年3月にニューカレドニアのグランドテール島の森で捕獲された若いメスだ。ベティの新しい住まいには個室のほか、アベルという別のカラスと共有する広い屋外飼育小屋がある。アベルはニューカレドニア動物園から入手した年齢不詳のオスだ。新しい住まいに慣れると、ベティはさっそく自分の能力を世に示し始めた。

例えば、ある一連の実験でベティに与えられた課題は、栓に開けられた小さな穴から棒を突き出して、好物の餌である豚の心臓を獲得するというものだった。棒を穴から突き出るまで挿入し、そのまま棒で餌の入ったカップを管に沿って押し、管が下向きに直角に曲がったところまで押し続けると、カップが落ちて台に載り、餌が食べられるという仕掛けだった。太すぎて穴に入らないものも含め、直径の違ういくつかの道具が与えられたが、ベティは必ず一番細いものを選んだ。もっと面白い条件

体の大きさにしては、
カラスは
地球上で最も頭のよい生き物の1つであり、
鳥類（多分オウムを除く）のなかでずば抜けているのはもちろんだが、
ほとんどの哺乳類にも勝る

にしようと、飼育係が意地悪をしてベティのお気に入りの道具をほかの道具と束ねてゆるく縛った場合には、ベティはお気に入りの道具をわざわざ束の中から引っ張り出した。太すぎて穴に入らない道具を選んだことは1度たりともなかった。また、ベティが自分で道具を作れるようにナラの木の枝が与えられたときには、ほぼ必ずタスクにちょうどよい大きさの探針を作った。栓の穴が大きい場合には太い棒を作り、狭い場合には適切な太さになるまで枝を削り続けた。

別の実験では、ベティとアベルは両方とも長さを理解していることを実演して見せた。短すぎてカップに届かないものも含めて、様々な道具が与えられると、彼らはほとんどの場合、十分な長さを持つ棒を選んだ。20回の試行で、ベティが間違った選択をしたのは5回だけ、アベルの記録は驚異的で95%の正解率だった。しかし一番感動的な実験は、カラスたちが自分でお膳立てしたものである。この実験では、透明な管を垂直に置き、管の底に置かれた小さなバケツに餌が入っていた。餌を取り出すには、鉤の付いた道具を管の底に下ろし、取っ手に引っ掛けてバケツを引っ張り上げるしかない。まっすぐな針金（したがって役に立たないと思われたもの）や鉤型の針金（このタスクに最適なもの）など、様々な針金がカラスたちに与えられ、研究者たちはそばに立ってカラスたちの反応を見守った。最初の数度の試行では万事が予想通りに進み、カラスたちは状況を判断しやるべきことを理解した。ところが5回目の試行で、アベルが予想外の変更を実験に加えた。アベルが部屋にあった唯一の鉤付きの道具を持って飛び去ったため、ベティが使える材料として、まっすぐな針金だけが残されたのである。

左の15世紀のハンガリーの紋章には
小枝を振りかざすカラスが描かれている

それ以前にもベティはよく針金の道具を与えられていたが、自分で針金の道具を作ったことは1度もなく、しかも針金が曲げられる様子を見る機会すらなかった。それにもかかわらず、ベティは管のところまで飛んで行って餌をいろいろな角度から眺めた後、針金を拾い上げると、一方の端を装置の根元のテープの下に突っ込み、もう一方の端を嘴でつかんで体重をかけながら後ろに引っ張ってあっという間に鉤の形に曲げた。それは、こうして説明するよりも短い時間の出来事だった。この道具を管の底に降ろし、取っ手に引っ掛けると大成功、食事が給仕された。あっけにとられた研究者たちは、我に返るとさっそく一連の実験を行った。ベティに今の偉業を繰り返す課題を与えると、完璧に丸みを帯びた鉤を毎回作ったわけではないが、針金を曲げ、餌を引き上げることには必ず成功した。槍を完成させたあの偉大なワタリガラスでさえ、これほどうまくできなかったことだろう。ほかのどんな動物でも、チンパンジーでさえ、このような形で自発的に問題を解決したことはない。この事実から、カラスは人間と一緒に道具製作者のグループに入れられている。

ミヤマガラス（*Corvus frugilegus*）は艶やかな黒い羽を持つカラスで、ヨーロッパとアジアのほぼ全域で見られ、イギリスから、イソップの故郷で古代ギリシア時代にトラキアと呼ばれたバルカン半島南東部を経て、一番東の日本に至るまでの広い分布域を持つ。その分布域全域で、ミヤマガラスをほかの種のカラスと見分けるための際立った特徴が2つある。1つは、非常に長くて鋭い嘴の根元に、皮膚がむき出しになった白っぽい部分があること、もう1つは、社交的で群れて騒ぐことで

リチャード・ハイウェイの挿絵「小さな努力を重ねれば報われる」1896 年

◆ カラスと水差し ◆

紀元前6世紀の『イソップ寓話』より

喉がカラカラに渇いていたカラスが、水差しを見つけた。しかし水が少ししか入っていなかったので、いくら頑張ってみても嘴が水に届かず、命の綱を目の前にしながら、喉が渇いて死んでしまうのだろうと思われた。とうとう、カラスはうまい計略を思い付いた。カラスが水差しに小石を落とし始めると、小石を入れるたびに水面が少しずつ上昇し、ついに縁に届いた。こうして、この賢しい鳥は喉の渇きを満たすことができた。

教訓：必要は発明の母である

ある。ミヤマガラスは騒々しい集団で行動・繁殖し、総勢数百羽が密集して樹冠を揺らす。「ミヤマガラスの群れ」を意味する英語の古い表現で「a storytelling of rooks（文字通りの意味は「ミヤマガラスの物語」）」という美しい言い回しがある。あるミヤマガラスの群れには、語るべき特に素晴らしい物語がある。

その群れは、イギリスのケンブリッジ大学の飼育所に住んでいた。２００９年の夏、生物学者のクリストファー・バードとネイサン・エメリーは、研究用のミヤマガラスの集団が、イソップ物語のカラスと同等の知恵があるかどうか調べようと考えた。この問題を実験するために、クック、フライ、コネリー、モンローと名付けられた4羽の成鳥のミヤマガラスが被験者として選ばれた。水の入った細いガラスの容器に美味しそうな虫が浮かべられ、カラスたちに順番に提示された。このごほうびをもらうためには、嘴が虫に届くように、水位を上昇させなければならない。使える道具は小石の山だけだ。

ミヤマガラスたちは問題を解決しただろうか？　もちろん解決し、彼らが出演するこの実験の動画は、ユーチューブで延十数万人の聴衆に視聴されている。別の実験では、ケンブリッジ大学のミヤマガラスたちは、近縁のカレドニアガラスと全く同じように、鉤の付いた道具を使ったり作ったりできることが証明された。ただし、餌が豊富にある自然の環境で、必要に迫られていない場合、野生のミヤマガラスが道具を使ったり発明したりする例は知られていない。

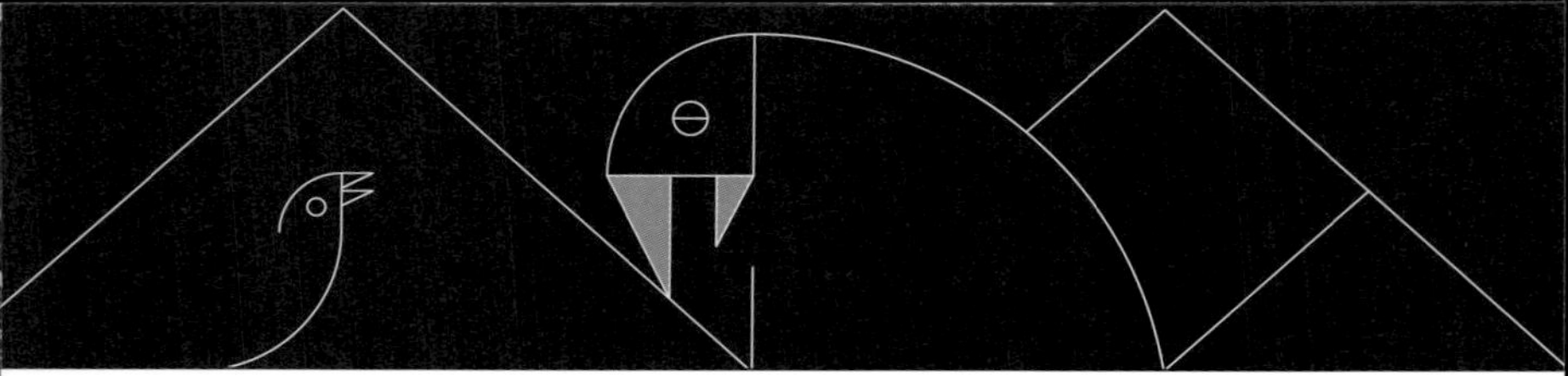

｛第2章｝

家族ドラマ

動物は彼ら自身が何ら意識することなく、人間の想像を超えるようなことができる。クモは幾何学的かつ繊細な巣を見事に紡ぐ。カリバチは生まれてくる幼虫の生育場所として多数の小部屋から成る精巧な巣を作り、驚異的な技を使って餌を用意する。イカでさえ、危険にさらされると墨を吐くという巧みな戦術を使う。ただし、これまで知られている限り、クモも昆虫も軟体動物も深く考えずに反応しているだけで、選択肢を検討したり、よい点と悪い点を考慮したりすることはない。動物はただ決まった行動をするだけで、正に文字通りの意味において、それでおしまいである。多くの生き物は、個々の経験を通じてわずかに反応を変えられるが、ほとんどは祖先から基本的な行動メニューを遺伝的に受け継いでいる。以前に「本能」と呼ばれていたものは、絡み合う二重らせんにコーディングされた複雑な遺伝的性質であると今では見なされている。一般的に言うと、特定の状況で適切な行動がとれるように動物が反応を微調整する能力は、知性を反映しているものではなく（その行動がいかに賢く見えようとも）、二重らせん構造を持つ遺伝子の汎用性と複雑さを反映しているということになる。

Family Dramas

左のナポレオン1世の幻想的な肖像では、黄金の手が肩を占め、地図上にクモが巣を紡ぎ、皇帝の帽子からカラスが現れている

しかし、生き抜くための能力を動物に与えられるのが遺伝子だけだとしたら、なぜ賢くなる必要があるのだろう？　進化は冷酷な主人である。利益をもたらさない革新は化石層に置き去りにされ、知性によってもたらされた進化上の利点は必ずしも明らかでない。何世代にもわたり有効性が試されてきて、成功確実な反射と比べ、思考は不確かで時間がかかる（トラが飛びかかって来た後で対応策を考えても生き残りの役には立たないのだ）。それならなぜ、高度な知性が発達したのだろうか？　思考という、外界のメンタルモデルを構築する能力が、生存の可能性を高め、より多くの子孫を残すという点で利益をもたらし始めた状況とはどのようなものだったのだろう？

ここ数十年の間、科学者たちはこういう質問への答えを見つけようと、正に問題の「脳」を酷使してきた。例えば、道具の使用が知性の発達を刺激した可能性について考えた。結局、これは本末転倒であり、道具の使用は知性の原因ではなく、結果であるらしいという結論に達した。つまり、カラスや人間のような動物が道具を作る場合に使用している知的能力は、元をたどれば、更に高度な、生存に関わる基本的な試練に対する反応として進化したということだ。

自分を出し抜こうとしているほかの多くの動物たちに取り巻かれ、社会的な集団の中で生きること以上に、知的能力が試される環境はない。社会性動物が長生きして多くの子孫を残すためには、認識する、覚える、予期する、分析する、戦略的に考える、などの能力を含む、ありとあらゆる知的な防衛策が必要だ。したがって、互いの交流を通じて個体が進化的に有利に立てるような、著しく社会的な種で高度な知性は発生したらしい、という考えが現在の主流である。もしこの仮説が正しければ、知性を持つ種は複雑な社会で生きているはずだ。人間についてはその通りであるが、カラスについてもそうだと言えるだろうか？　賢いとは言っても所詮鳥であり、着飾ったトカゲにすぎない生き物が、個体同士の関係のネットワークを維持したり、社会的状況の変化を読み取ってそれに適応したりできるようには到底思えない。しかし、それなら、カラスはそういう頭の軽い並の鳥ではないということになる。

捕獲大作戦

生物学者のキャロリー・カフリーはカラスにぞっこんだ。過去20年の間、カリフォルニア、オクラホマ、ペンシルバニアの各州でアメリカガラスの社会行動を研究した経験から、研究対象のカラスたちの明晰な頭脳に対して喜びに満ちた敬意を抱いている。ただし、研究が非常に楽しいのはカラスの知性のおかげではあるものの、彼らの鋭い警戒心のせいで仕事が一苦労だということもカフリーは真っ先に認めるだろう。カラスの社会を研究するためには、カラスを見分ける能力が必要だ。家族の関

自分を出し抜こうとしている
ほかの多くの動物たちに取り巻かれ、
社会的な集団の中で生きること以上に、
知的な能力が試される環境はない。

係を図式化し、個々のカラスがほかのカラスと交流する様子を記録しなければいけないからだ。そのためには、(理想としては) 研究場所のすべてのカラスを捕獲し、それぞれに「標識 (色付きの足環もしくはウィングタグ)」を付けなければならない。「カラスをつかまえるには騙すしかない」とカフリーは嘆く。「それは並の神経の持ち主には務まらない、あまりにも過酷な試練なのだ」

彼女は長年にわたり様々な方法を試してみた。モノフィラメント糸で作った引き結びの罠をスポーツ用人工芝に縫い付けてみたが、カラスはどうしても着地しなかった。接着剤の罠はカラスの足を押さえきれなかった。箱罠や囲い罠にカラスは入ろうともしなかった。そのほか諸々も試みたが、一番成功率が高かったのは、餌に誘われて集まったカラスの群れの上に網を放つ装置 (ロケットネット) だった。捕獲を試みるたびにカラスは装置に対して警戒心を強めるので、1度にできるだけ多くのカラスを射程圏内におびき寄せ、全てのカラスが仕掛けに気付く前に捕獲率を高めることが肝心だ。しかも、既に捕まえたことのあるグループを狙うわけにはいかない。ここまで捕獲を逃れてきてまだ標識の付いていない、狙いのカラスたちが射程圏内に入るのを待たなければならないのだ。これは小心者には向かない仕事だ。

舞台はオクラホマ州スティルウォーター市の公園。時間は暗闇に包まれた夜明け前。古いフォード・エクスプローラーが木立の脇に停車する。ドアが開き、研究者の一団が次々に車から降り立つ。目立たないように静かに行動しながら、この2週間その場に置いておいた落ち葉の山を一掃すると、その場所に捕獲網の発射装置を設置し、カモフラージュの素材で装置を覆った後、再び上から落ち葉をかけた。網と車の中の雷管をつなぐ電線でさえ、茂みの中に押し込んで覆う。人間の目には前日と全く同じ風景に見える。前日には、この付近を根城にする集団のメンバーで、まだ標識の付いていないカラスたちが芝生中を跳ね回り、カラスたちを誘うために置かれていた、茹でたスパゲッティや乾燥タイプのキャットフードなどのご馳走にありついていた。

朝になると、そのカラスの一家もやって来た。ところが、ピザやゆで卵の朝食ビュッフェにありつこうと着地する前に、1羽の若いオスが何らかの異常に気付いたようだ。彼は隠れているはずの電線の経路にぴったり沿って飛び、車にたどり着く。まるで車内で待っている人を確かめるかのようにフロントガラスにさっと視線を投げかけると、続いて甲高い警戒の声を発した。「カーッ、カーッ！危ないぞ！」たちまち一家は一斉に罠を逃れると、二度と戻って来なかった。「学生たちと私は、捕獲の計画と準備に膨大な時間をかけ、車の中で待ちながら気の遠くなるほどの時間を過ごした」とカフリーは残念そうに語る。「それなのに、この知恵比べでは明らかに相手のほうが一枚上手だ」。3回の試みで1回成功すれば上出来だという。

もし、幼くてあまり抵抗を示さない、巣立ち前のヒナに標識を付けられれば、形勢はかなりよくなる。しかし、これもまた並大抵の人には務まらない任務だ。アメリカガラスは低木だけでなく地面にさえも営巣することが知られているが、一般には高所の住まいを好む。通常、巣は丈の高い落葉樹、さらに多くが針葉樹の上方の枝にあり、幹の近くの頑丈な枝に固定され、厚くて暗いトゲトゲの覆いの下に隠れている。アメリカガラスを研究するもう1人の猛者であるケビン・マッゴーワンによると、

肩から羽根が生えると、今やカラスとなったコロニスは好色なポセイドンから自由の身となった

捕えがたき者

オウィディウスの『変身物語』の話の1つによると、昔、やんごとなき乙女がおり、あまりの美しさのため、好色な海神ポセイドンの目に留まった。乙女が甘い言葉の誘いに乗らなかったことに激怒したポセイドンは、力ずくでものにしようとした。そこで乙女は天に助けを求めた。願いは知恵と戦争の処女神アテナに聞き届けられ、か弱き乙女の姿は捕えがたきカラスに変えられた。

「私は天へ向かって両腕を伸ばした」とオウィディウスの物語の中でカラスは言った。「すると腕がみるみるうちに柔らかな黒い羽で覆われていった。肩からマントを持ち上げようとしたが、既に肌に深く根ざす羽に変わっていた。悲しみに暮れ、あらわな胸を手で叩こうとしたところ、手も胸も無くなっていた」

ひとたび空に舞い上がると、カラスは純潔を守ったままポセイドンの手を逃れ、アテナの使いとなった。

上はチベットの民話の挿絵で、雨どいに座ったカエルが、カラスの餌になるまいと巧みな話術を用いているところ

カラスたちは眺めのよい部屋を好むらしい。「ここニューヨーク州イサカ（マッゴーワンの職場がある都市）でどこかの裏庭に入って、ありふれた木だと思いつつ巣まで登ってみると、巣のあるはるか上からは湖が見えることが分かる。眺めの素晴らしい巣があまりに多くて驚いている」

幸運なことに、マッゴーワンのような究極のバードウォッチャーにとって、巣への木登りは遊びも同然だ。数年前、カラスの巣がある木のてっぺんまで登ったときのことだ。その木は丈の高いマツ科の針葉樹のシロトウヒで、枝がもろく、幹の上部が枝分かれしていた。「私は地上からたっぷり18mの高さにいた」と彼は当時を振り返る。「枝分かれした幹のそれぞれに片足ずつ載せ、ヒナ鳥を計測していたのだ。風の強い日で、そこら中がそれはもう激しく揺れていた。そのとき地面を見下ろしてこう思った。『この状況でアドレナリンが全く出てこないとは、よいことなのやら、悪いことなのやら』と。未だによく分からない」しかし、友人たちに「新しい趣味を見つけたほうがいい」と言われても聞き耳を持たない。カラスの捕獲は彼にとって道楽ではないのだ。「私たちは極めてありふれた鳥の、驚くほど知られていない社会行動を明らかにしようとしている」と彼は言う。「何らかの成果を出すつもりだ」

手伝うべきか、手伝わざるべきか

鳥の家族を結ぶ絆は、一般にそれほど長くは続かない。ただし、つがいは長期間にわたる関係を築くことが多く、カラスも含め、長年にわたり、あるいは死別するまで同じ相手と共に暮らし続ける。しかし、親と子の場合、一緒に行動するのは数カ月間だけだ。毎年再現される巣立ちの営みの中で、若鳥は独りで生きていけるようになるとすぐに巣を去り、再び戻って来ることはない（興味深いことに、鳥類のメスはオスよりも遠く離れたところへ移動することが多く、哺乳類で典型的に見られる分散傾向とは逆である）。この巣立ちのパターンは、現存する全ての鳥の少なくとも95％で見られ、大多数のワタリガラスとミナミワタリガラスのほか、ウオガラス、ニシコクマルガラス、ミヤマガラスなど、多くのカラスの種でも見られる。

しかし、研究者たちが研究に勤しむ理由はルールの例外にある。全体の2～3％に当たるその例外とは、常に家族を基盤とする集団で協力しながら繁殖する鳥の種のことである。カラスは研究するのがとてつもなく難しいので、このカテゴリーに属する種が正確に何種あるのかは全く分かっていないが、その数は増え続けると予想される。例えば、カレドニアガラスはこのカテゴリーに含まれることが有望な候補である。ただし、熱帯の林冠の暗がりに溶け込むきらめく影のようなこのカラスたちは捕えがたく、研究することはおろか、姿を見ることさえ難しい。生物学者のハントと彼の率いる勇敢なジャングル探検家の小集団は、これまでの十数年間に及ぶ努力を持ってしても、ほんの一握りの巣

このページに並ぶ卵は、左から右へ、ワタリガラス、ハシボソガラス、ズキンガラス、ミヤマガラスのものである

を発見したにすぎない。カラスたちの社会行動を明らかにするにははるかに及ばない！ それでも、ハントらは餌場で垣間見る交流に強い関心を抱いている。餌場では、その年に生まれた幼鳥が、明らかに自分で餌がとれるのにもかかわらず、成鳥に餌をねだり、両親と思われる成鳥が、吐き出した餌を甲斐甲斐しく与えてやる様子が見られる。この観察内容は、カレドニアガラスの幼鳥が、自立できるほどに成長した後でも父母のもとに留まる可能性を示しており、共同繁殖システムが存在することを強く示唆している。

通常、協同繁殖が発生するのは、若い鳥が独立し分散することを遅らせて（その結果、繁殖相手を見つけて自分自身の子を持つ機会を先送りし）、両親のもとに留まって家の仕事を手伝う場合である。しかもこの突飛な行動は、カレドニアガラスのいるはるかな南太平洋の島々に限られているわけではない。カナダやアメリカの多くの地域でも、裏庭や公園で観察できるのだ。今では、アメリカガラスの協同繁殖は、普遍的とは言えないまでもよくあることだと分かっているが、それはもっぱらカフリーやマッゴーワンらによる、過去十数年にわたる超人的な努力の賜物である。例えば、まだ最終的な分布は明らかでないが、カナダ草原部を含む北米大陸北部の草原地帯の各地では、アメリカガラスはヘルパーの助けを得ず、独立したつがいとして繁殖しているようだ。対照的に、北米大陸のそれ以外の地域では、独立したつがいもいるものの、かなり大きな割合のヒナ鳥には世話係が付いている。世話係の数は3羽から6羽、10羽、12羽にのぼることもあり、そのほとんどは繁殖中のつがいから生まれて成鳥となった子供たちである。

ドイツのアルベルト・ヴァイスゲルバー作「7羽のワタリガラス」1905年

◆カラスの数え歌◆

古い英語のわらべ歌

1羽のカラスの悲しみに
2羽のカラスの喜びに
3羽は少女に
4羽は少年に
5羽は富める者に
6羽は貧しき者に
7羽は魔女に
話はこれでおしまい

◆ギルバート◆

ごくまれに、顔の1カ所が白い羽で覆われているといった身体的特徴によってカラスを見分けられることがある。これに対してギルバートというカラスは、どんな身振りや行動からもすぐに見分けがついた。

夫の死から間もない2000年の冬、バーバラ・イエースレイは瀕死のカラスを救助した。それはカラスというよりも「形のはっきりしない黒い一塊の羽」で、カナダのブリティッシュ・コロンビア州バーナビー市にある自宅のアパートの芝生で見つかった。回復の見込みは薄かったが、彼女はカラスをタオルで包み、パンくずを与えてベランダで休ませた。翌朝、あのカラスはどうしているだろうと、夜明けとともに急いでベランダに出た。すると、カラスはその場に立っていて、この上なく汚らしくみすぼらしかったけれども、必死で食べ物を求めたので、バーバラはホッと胸をなでおろした。こうして、この生意気でピーナッツが大好物で自由奔放な野生のカラス、ギルバートと彼女との6年に及ぶ友情が始まった。
「ギルバートを飼いならすつもりはなかった」とバーバラは自己出版した回想録『Gilbert（ギルバート）』の中で述べている。「その理由は、もしペットのように扱えば、彼はすぐに面倒に巻き込まれてしまうと考えたからだ。信頼すべきでない相手を信頼し、……ただカラスだからという理由で傷つけられたり、もっと悪いことが起こったりするかもしれないのだ」バーバラは決まった時間に餌を用意し、ベランダでフンをさせないなど、規律を守ることに徹底的にこだわったが、野生のカラスは訪問をやめなかった。ひとたび健康を回復し、艶やかで黒く美しい姿に戻ると、連れ合いと脚の長いやせっぽちの子供たちを毎年連れてきた。

カラスと人間の友情のほとんどは、カラスが死んだり、姿を消したりして終わる。しかしギルバートの場合は、人間の都合で関係が終了した。バーバラはアパートを引き払って別の町の老人ホームに引っ越すことになり、ギルバートとつながり続ける唯一の望みは、同じアパートの廊下の向かい側に住むマリーに託された。しかし、ギルバートがマリーの住まいを見つけ、彼女を信頼するようになる可能性はどれほどのものだったろう？

バーバラが引っ越して最初の2週間、ギルバートは彼女のベランダだった場所にうずくまっていた。その後、バーバラが語るところによると、彼は「この上ない幸運に恵まれ、ある朝アパートの玄関先でマリーに出会った……彼女のポケットにはいつでも出せるようにピーナッツが入っていた」マリーがギルバートの名を呼ぶと、カラスは舞い降りてきて、投げてやったピーナッツを拾った。それから3年経った後もなおギルバートはマリーの親しい友であり、スーパーに歩いて買い物に行くときには「こちらの木からあちらの茂みへ、壁や屋根へと飛びながら、マリーと同じ高さを保ち、大声で彼女を応援しながら」連れ添った。そして、買い物が終わるまで外で待ち、帰り道もまた先導した。「ギルバートはマリーの人生に趣きを与えた」とバーバラは言う。「私はギルバートと出会い、彼に愛情を注ぐという特別な体験をしたことをありがたく思う。今でも彼に会いたい」

ヘルパーと呼ばれるこういう若い鳥のなかには、大して子育てに貢献せず、ただの居候のように見えるものもいる。しかし、ほかのヘルパーたちは、家族の縄張りの見張り役を務めたり、侵入者を追い払うのを手伝ったり、巣にいるメスに餌を運んだり、直接ヒナに餌をやったりと、子育てに協力する。「ヘルパーたちが文字通り両親を手本にしていることを観察した」とカフリーは報告する。「営巣中の両親をすぐそばで観察したり、ヒナに不適切な餌を与えようとして繁殖中のペアに妨害されたり。また、繁殖中のメスの隙を狙って卵やヒナを抱こうとするが、メスは絶対にこの仕事をヘルパーに任せない」おそらくヘルパーは親となるための訓練中で、後で自分のヒナを育てるために役立つスキルを身に付けようとしているのだろう。ただし、現時点ではこの推論を裏付ける証拠はない。ヘルパーを務めたカラスが、自分自身にとっての初めての繁殖の試みで首尾よくヒナを巣立たせる確率は、ヘルパー未経験のカラスと同程度でしかない。

それぞれの決断

ヘルパーにとって、あるいは家族にとっての協同繁殖の利点は未だ推測の域を出ない。また、この協同繁殖という状況が生まれる理由も不可解ながら、それぞれの若鳥が身の振り方を決める経緯も、見事なまでに謎に包まれている。協同繁殖する集団に属する若いカラスは、それぞれ何らかの方法で無限の選択肢のなかから1つを選択する。一腹の兄弟のなかから、ある個体（もっぱらメス）は道路の数km先に住む別の家族の一員となって恒常的に分散し、それ以降は時々元の家族を訪問する程度である。一方、ほかの個体は、数週間から数カ月家族のもとを離れた後、実家に戻ってきて暮らし、両親の手伝いをすることもある。別の個体（典型的にはオス）は、1、2年かそれ以上の期間、家に留まり、手伝うこともあればただぶらついていることもあるが、最終的には近所の集団に移動してその一員となる。

人間を基準にすると、カラスは長生きではない。14歳で死亡したカラスが最高齢の野生のカラスとして記録に残っているが、ほとんどのカラスは7歳の誕生日を迎えられれば運がよいほうだ。しかし、その限られた時間の中で、カラスたちは冒険と意外な展開の物語がぎっしり詰まった生涯を生き抜く。例えば、マッゴーワンには若いメスのカラスの思い出がある。ヒナ鳥のときに彼がイサカで標識を付けたメスのカラスが、後になって16km離れた郊外の餌場で観察された。翌週には、彼女は出生地の縄張りに戻り、ヘルパーとなって、その年の繁殖期が終わるまで両親のもとで過ごした。ところが翌年の夏、彼女は再び郊外へ飛び立つとそこでつがいになって身を落ち着け、次の年に死んだ。

「私には、あのメスが郊外を放浪している間に目星をつけていたように思えてならない」とマッゴーワンは言う。「『あら、あの人素敵』と目を付けておいて、後で彼の連れ合いが死んだかどうか確かめに戻った。そしたら何と彼はフリーだったから、自分のものにしたというわけだ」

ただし、こういうふうに人間的な考えや動機付けを鳥に当てはめると困惑する人がいるといけない

◆ カラスの性分 ◆

動物行動学者ロバート・M・ヤーキーズとエイダ・W・ヤーキーズが『Natural History（博物学）』誌1917年4月号に寄稿した「Individuality, Temperament and Genius in Animals（動物における個性と気質と才能）」より

被験者の個性や気質を蔑ろにする実験者は、実験結果を誤解したり間違った評価を下したりする深刻な恐れがある。私たちの記述では動物を擬人化しているような表現が多いが、鋭敏な読者にはお分かりの通り、それは堅苦しい不自然な用語を避けているからである。動物の行動を分かりやすく簡潔に記述しようと努めた結果であり、もし全面的に客観的な用語だけを用いて書かねばならないとしたら、尋常ではない行動学的な記述が何ページも必要となるだろう。

興味深い研究対象として、鳥のなかでカラスに勝る者はおそらくないだろう。……ある夏、私たちは一腹のカラスのヒナ4羽を、飛べるようになる直前に巣から移動した。……あの思い出深い夏の間にこのカラスたちが見せた奇妙な行動について、紙面に限りがあるため詳細に語れないのは誠に残念だが、次の簡単な記述で満足せざるを得ない。荒々しさ、恐れ、臆病さ、好奇心、さい疑心、自発性、社交性などの……反応において、個々のカラスには極めて明白かつ重大な違いがあった。カラスの気質に関する問題を公正に評するため、将来ひと夏を費やして、この極めて知性の高い鳥の性差や個人差を集中的に研究したいと考えている。

『シートン動物記』で知られるアーネスト・トンプソン・シートン作のデッサン。
若いカラスの一家が「大人のように一列に並んで」ねぐらについている、1898年

3羽のミヤマガラスのヒナが空腹に苛まれてピーピー叫び、両親に餌をねだっている

博物学者のフランシス・オーペン・モリス牧師により、1851年の著書『A History of British Birds（イギリスの鳥の博物誌）』に描かれたハシボソガラス

ので、マッゴーワンは「カラスたちがどのように行動を決定しているのかは分からない」と喜んで認める。しかし、彼らは好機を求めて出かけて行くのだろうか？　ほかの個体と知り合うだろうか？　ほかのカラスや、行ったことのある場所を覚えているのだろうか？　どこで誰と暮らすかを決めるときに、こういう記憶に照らして考えるのだろうか？　それは間違いない。「カラスの行動を記述するとき、人間の行動を記述しているかのような表現になるのは、カラスを擬人化しているからではない」とマッゴーワンは主張する。「それは、極めて社会性の強い2種類の動物の根本的な類似点から生じることなのだ」

この結論は、キャロリー・カフリーも熱烈に支持している。ただし、彼女はカラスと人間の重要な違いに気づいている。それは「カラスの家族は概して人間よりも平和的だ」という点だ。どんな挑発を受けようとも、カラスの家族のメンバーは通常、暴力や明白な敵意の兆候をまったく示すことなしに紛争の原因を解決する。例えば、スティルウォーターにあるオクラホマ州立大学のキャンパス周辺に、2001年、アメリカガラスの一家が住んでいた。繁殖中の父親と母親、彼らの2歳の息子と1歳の娘たちという家族構成だった。繁殖中の母親がその夏に死ぬと、秋までに新しいメスが現れて最初の母親の跡を継いだ。一家はつつがなく過ごしていたが、再び繁殖の時期が巡ってくると、標識に付けられた印からXTと呼ばれていた父親と、長男のＮＫが共にメスに求愛を始めた。ある日、ＸＴがメスのすぐそばに座り、互いに羽繕いし合っていたかと思うと、次はＮＫの番で、嘴で撫でたり優しく囁いたりしていた。こんな調子で丸２週間が過ぎ、対立の兆しは全く見られなかった。そしてある朝ＸＴが姿を消すと、ちょうどその日の午後、ＮＫと、ついに彼の新しい伴侶となったメスは、一緒に巣作りを始めた。

１週間が過ぎてもＸＴの姿はどこにも見られなかった。そのころ、近くを縄張りとする別の家族が独自の問題を抱えていた。まず、１歳の娘で唯一のヘルパーがアメリカワシミミズクに殺され、次いで繁殖中のオスが車にひかれてしまった。唯一生き残り、大勢のヒナがいる巣と共に残された母親には子育てを手伝ってくれる家族はいなかった。数日が過ぎ、このメスは餌場と巣を何度も行き来して、巣に食べ物を運んでいた。すると突然、ＸＴが再び姿を現した。オスに先立たれたこのメスガラスの縄張りの真ん中、巣のある木のそばの屋根に止まっていたのである。カラスは普通、互いの縄張りには関わらないので、このこと自体が異常だったが、次の瞬間、実に驚くべきことが起こった。ＸＴはのんびりと翼を広げすうっと巣まで降りて来ると、父親を亡くしたヒナの口にそっと餌を入れてやったのである。

伝統的な進化理論によると、ＸＴが行った親切な行為らしきものは起こるべきはずがない。もし生命の目的が、大ざっぱに言って、自分自身の遺伝子を確実に残すことだとすれば、自分の兄弟姉妹や、なおよいのは自分自身の子孫だが、それ以外の子育てに手を貸すことは間違いである。この近所のヒナは、誰もが知る限りＸＴとの血縁関係はなかった。成長したばかりの息子のために自分自身の縄張りから身を引かざるを得なかったＸＴは、再び繁殖鳥としての地位を確立するという長期的な計画の一環として、隣の未亡人に手を貸すことにしたのだろうか？　もしそうだとすると、彼の計画は成功した。というのも、彼と新しい伴侶は翌年一緒に繁殖し、3羽のヒナを育てたからである。その後ＸＴは姿を消したが、おそらくその夏の終わりに死んだものと思われる。このような繊細な綾がカラスの社会を織り成しているのだ。

混迷する筋書き

アメリカガラスは、名前が示す通り新大陸だけに生育しているが、非常によく似たカラスが、ヨーロッパとアジア全域で羽を広げている。そのハシボソガラスは、世界で最も広範囲に分布する種の1つで、地域によっては最も数多く生息する鳥でもある。6亜種〔＊現在では、ズキンガラスは独立種とされ、ハシボソガラスの亜種に含まれないので5亜種になっている〕を含む生息域は、北海から南は地中海まで、アイルランドから東は中国と日本までに及ぶ。最近まで鳥類研究者のコミュニティでは、ハシボソガラスには複雑な助け合いをする能力がなく、協同繁殖を行わない種として認定されていた。ところが、この確証を揺るがす事実が１９９５年に明らかになった。協同繁殖を行う家族グループが生息地の75％を占めるハシボソガラスの集団が、スペイン北部のレオン地方で発見されたのである。「あまりにも著しく分かりやすいパターンだったので、それまで誰も気付かなかったことに驚いてしまったほどだ」と研究者のビットリオ・バグリオーネは言う。この事実を発見したのは、彼のほか、スウェーデン、イタリア、スペイン出身の共同研究者たちである。「2羽だけで並んで飛んでいるカラスを見つけるのはほとんど不可能で、ほぼ必ずそれより大きなグループでいるからだ」。記録された最大のグループは9羽から成っていた。

スペインでも北米と同じように、それぞれの家族は独占的な縄張りで一年中暮らす。個々のカラスが短期間だけ群れを離れ、ごみ置場で一時的な群れに加わったり、共同のねぐらで寝たりすることがあるが、集団のメンバーは家族の「所有地」でほとんどの時間を過ごし、ほとんどのニーズを満たす。当然、それぞれの家族は侵入者に対して所有地を防衛し、猛烈な追跡とマシンガンのように発せられる鳴き声によって侵入者を追い払う。しかし、やって来たのが分散していった年長の兄や姉で、昼過ぎにちょっと訪ねて来た場合には、所有地の住民は訪問者を黙って迎え入れ、一緒に餌をあさることを認める。カラスは昔一緒に住んでいた家族を覚えていて、迷惑な侵入者と歓迎すべき客とを区別できるのではないかとバグリオーネは推測している。

ハシボソガラスの社会は、オスの友情のネットワークを基盤に築かれている。メスは家族のネットワークの圏外(つまり研究の範囲外)に分散するようだが、スペインに生息するハシボソガラスのオスは通常、1、2年間は両親のもとに留まり、その後、近隣を探し回って新しい住まいを見つける。

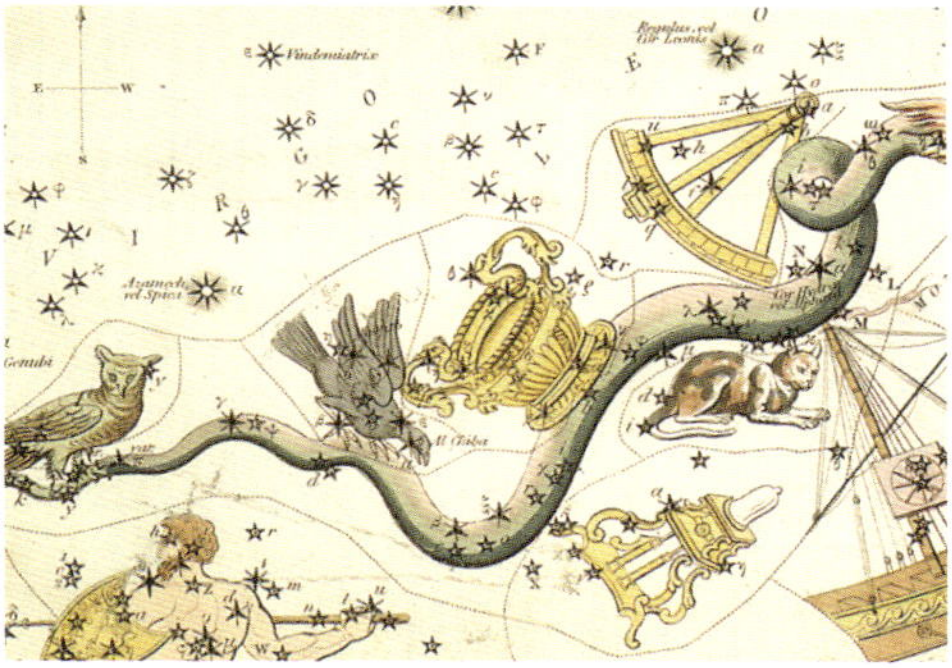

古代ギリシア人によると、ワタリガラスは自分の過ちをミズヘビのヒュドラのせいにしたために、アポロン神によってカラス座に追放された

◆ 巣を守ったカラス ◆

紀元200~400年の間にインドで作られた物語集『パンチャタントラ』を意訳した。

昔々、カラスの夫婦が木のてっぺんに巣を作った。運悪く、この木の根元にはヘビが住んでいて、木を這い上って行ってはカラスの卵を1つ残らず盗んでいった。このためにカラス夫婦は大変心を痛めていたが、同じことが何度となく起こったので、友達のジャッカルを訪ね、よい知恵はないものかと相談した。

ジャッカルは「王様から何か大切な物を盗み、それをヘビの巣穴に投げ込め」とカラスに知恵を授けた。そこでオスのカラスは宮殿に行くと、女王が湯浴みをしている隙に首飾りを盗んだ。宮殿の見張りがカラスを追って巣のある木までやって来ると、ヘビの巣穴に宝石が落ちていた。見張りはすぐさまヘビを殺して首飾りを取り戻した。それからというもの、家族を危険から守ったカラスたちは幸せに暮らした。

標識を付けたカラスのＤＮＡ分析により、バグリオーネらは、分散していくオスは通常、オスの親戚のもとに落ち着くことを証明した。この親戚はおそらく個人的な体験から知っている相手だと思われる（一例では、1歳のオスが2つの縄張りを調べ、2度ずつ訪問した後、前年に分散していた兄のいる縄張りへ引っ越した）。兄弟愛の力が非常に強いので、兄と弟の両方が、集団の中で繁殖中の同じメスと交尾することがよくある。それぞれが卵の一部を受精させるので、「協同」という用語が新たな深い意味を帯びてくる。

疑問はまだ残る。カラスはどうやってこうした決定を行っているのだろう？　これほど込み入った数々の社会行動を、鳥の小さな脳がどのように遂行しているのだろう？　カラスは賢いロボットで、複雑な一連の遺伝的指令を遂行しているだけだと考えるほうが簡単ではないだろうか？　この可能性を検証するため、バグリオーネらは２００１年に、スイスに生育し協同繁殖を行わないハシボソガラスの集団の卵を、協同繁殖するスペインの集団の卵と入れ替えた。スペインのカラスのヒナがスイスで巣立ったとき、彼らはすぐに生まれた縄張りから分散し、若鳥たちが形成する一時的な群れに合流した。これはスイスのハシボソガラスと同じ行動である。ところが、スイスのカラスがスペインで成長し、協同繁殖を行う家族集団の中で育てられると、生き残った6羽のうち5羽が家に残りヘルパーとなった。この結果、カラスの社会行動を遺伝で単純に説明できるという考えはほぼ葬り去られ、新たな展望を持つ見解と推測に道が開かれた。

村はずれの雪で覆われた畑で餌をあさるハシボソガラスの群れ。
ドイツの画家ヴォルター・ゲオルギ作、1902年

2人の「医学生」が標本を解剖している傍らで、3人目がパンとチーズのおやつを食べている。それを見て呆れ返った様子の大家のピロンおばさん。フランスの風刺画家グランヴィルが1829年に発表した画集『当世風変身物語』より

カラスの医者

故バーニス・ギルクリスト（1903〜1995年）は、成人してからの人生の大半をカナダのノバスコシア州ピクトゥーで過ごしたが、大草原で育った子供時代の印象的な出来事を決して忘れることはなかった。彼女の物語を少し要約して紹介しよう。

私が5歳のとき、両親がカナダのサスカチュワン州で農場を始めた。新しい我が家は丘の上に立っていた。ノースサスカチュワン川から南へ2.4kmほどの場所だった。私が10歳か11歳の夏、父は肉を保存するために燻製小屋を建てた。父が家のすぐ下の丘の一角を切り崩したとき、かなり良質な粘土の層が掘り出された。夏中の私たちの楽しみは、お皿や小さな生き物たちを粘土で作って、

母がパンを焼いた後のオーブンで焼くことだった。

夏の終わりのある朝早く、ちょうど皆が朝食に呼ばれたとき、父は川の方向にある北側の窓の外に目をやり、「2人の客がうちに向かって歩いている」と告げた。当時お客はめったになかったので、私たちは誰が来るのか確かめようと窓に駆け寄った。すると、2羽のカラスが草原をこちらに向かって歩いていた。1羽は飛べたが、もう1羽はけがをした片方の翼を引きずっていた。おそらく、飛ぶ練習をしていた最中に電線にぶつかったのだろうと推測された。

私たちは窓から眺めながら、なぜカラスたちはうちに来るのだろうと不思議に思った。その理由はすぐに分かった。カラスたちは粘土の山までやって来た。そして、年上の（大きな）カラスが嘴で粘土を少しくわえると、くわえたまま粘土を湿らせ、仲間の傷ついた羽を粘土のギプスで包んだのだった。

両親は「外にカラスの餌を置いてやりなさい。ただし、驚かしてはいけないよ」と言った。ご想像の通り、カラスたちにはたっぷり餌が与えられた。また、私たちは飼っていたコリー犬がカラスを追いかけないように気を配った。カラスたちは我が家の近くに何日か滞在したが、どのくらいの期間だったか正確には覚えていない。粘土のギプスが外れ翼のけがが治ると、2羽のカラスは飛び去った。「『カラスの医者』がこんな治療を施しているのを見た人がほかにもいるのだろうか」と私はよく思いを巡らせている。

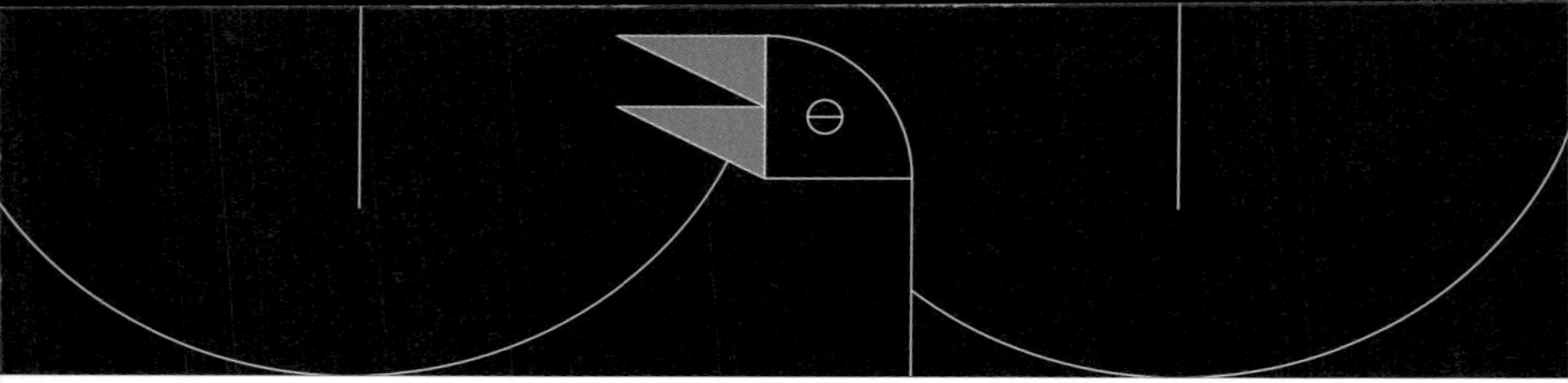

｛第3章｝

神話の悪戯者、再び

知られている限り、ワタリガラスは特に家族的な鳥ではない。ワタリガラスの協同繁殖の例は1件だけ報告されている。この突拍子もない決断をしたのはアメリカ、ミネソタ州の1歳になるカラスで、もうひと夏を実家に残って、巣にいる弟や妹たちを守り、時々両親から餌をもらうこともあった。原則としては、若いワタリガラスは独立に向かい猛スピードで成長する。孵化（4月初旬から5月中旬、緯度によって異なる）から巣立ち（5月中旬から6月中旬）までわずか数週間。羽根がなく、弱々しい、ピンク色のガーゴイルのような一腹のヒナたちは、この短期間に奇跡のような変貌を遂げ、すっかり羽根の生え揃った立派な若鳥へと成長し、羽ばたいたり叫んだりできるようになる。月齢4、5カ月を迎える7月か8月までには十分に成熟し、冒険心あふれる若いカラスたちは、両親の縄張りを離れ自力で生きていくようになる。

The Trickster Revisited

ただし、家族と決別した後でも、さすらいの若きカラスたちはほかのカラスとの付き合いから完全に切り離されているわけではない。もしもイギリスの詩人ジョン・ダンがバードウォッチャーだったなら、こう言ったかもしれない。「ワタリガラスは誰しも1羽では生きていけない」と。独立したばかりのカラスは、日中を独りで餌を探し回って過ごすかもしれないが、夜になると、数十羽、時には数百羽にものぼる仲間で混み合う共有のねぐらで過ごしているらしい。記録に残っている最大のねぐらは、アメリカのアイダホ州南西部の送電線で、２１０３羽ものワタリガラスが集まって、騒々しくひしめき合っていた。それは夜な夜な出席者が変わり、餌の供給源に応じて頻繁に場所を移して行われる一種の夜通しのパーティーだ。無線発信器機を用いた研究データ（テレメタリーあるいはトラッキング）によると、それぞれのカラスは、知り合いのカラスから成る複雑で流動的なネットワークの一部として、気の向くままに行き来し、独自に活動しているようだ。

こういう鳥のナイトクラブで、若いカラスは将来の伴侶と出会い、求愛のディスプレー（誇示行為）を試してみるのかもしれない。ワタリガラスの求愛のディスプレーでは、お辞儀したり、喉をカラカラ鳴らしたり、コツコツ叩いたり、翼を扇のように広げたり、尾を広げたり、頭の羽をふわふわに逆立てたり、といったせかせかした踊りのような動作が繰り返される。2歳になるまでに生涯の伴侶を選んでいるようだが、一番早い場合でも、3年目か4年目の夏になるまでは繁殖しないようである（7年目まで繁殖しなかったオスの記録がある）。その後は、つがいはほとんどの時間を縄張りで過ごす。縄張りはだいたい3.2〜32平方kmの領域で、一年中そこに住み、ほかのカラスが侵入するとやかましくがなりたてて縄張りを守る。夜になると、つがいは互いの近くで眠りをとる。たいていは同じ木をね

堂々たるワタリガラスが目にも耳にも訴えかける。この多色刷り版画は、
ジョン・J・オーデュボンの絵画を彫版工のロバート・ハベルが彫り上げた

ぐらにし、時間をかけて互いの羽繕いをしたり、半開きの嘴で「キス」をしたり、お互いの足を握ったりする。ただし、こういう愛情深い家庭的なカラスたちでさえ、天気が悪い夜や、シカの死骸のご馳走にありつこうと集まった食いしん坊の群れに加わるときは、共有のねぐらに行って眠ることもある。

しかし、仲間と一緒の時間を過ごすからといって、彼らが寛大で友好的だという意味ではない。ワタリガラスという種は、ご承知の通り、世界中の神話や伝説の中でちょっとしたならず者として知れ渡っている。また、卑劣にも他者を陥れて自分の成功を手に入れようとする、その悪しき精神には、現実のワタリガラス同士の交流も影響を及ぼしている。例えば、夜につがいの相手に擦り寄っていたのと同じメスが、オスが目を離した隙にこっそり抜け出して近所のオスと交尾することがある。あるいは死骸をついばんでいた若いカラスが、ほかのカラスたちが頭上に現れると、まるで「(これを食べたお陰で)俺は死ぬ。お前たち、食べないほうがいいぞ」とでも言うかのように、仰向けに転がり、競争相手が姿を消すと、起き上がって食事を再開する。(この行動は、サスカチュワン州中部で猟師によって観察され、生物学者バーンド・ハインリックが1995年出版の著書『Mind of the Raven(ワタリガラスの知性)』で注意書き付きで報告した)。

動物による策略やごまかしは、現代の科学界で注目の話題だ。もし高度な知性が、社会集団の中で生きるという試練に対応するために発達したのであれば、脳のおかげで世渡りがうまくなるという効

ワタリガラスの思う壺

アラスカのランゲル市のトリンギット族で、ワタリガラスの社会集団の一員である男性が1900年代初期に語った物語の要約版。

ワタリガラスは海にクジラがいるのを見て、岸辺に連れて来ようと考えた。そこで、ナイフと火起こし道具を持って、クジラの口の中に飛んで入った。カラスはしばらくの間、クジラの体内で魚やクジラの肉を食べて暮らしていたが、カラスがクジラの心臓を切り取ると、この獣は死んで海を漂い始めた。そこでカラスは魔法の歌を歌ってクジラの死骸を砂浜に運んだ。するとカラスの鳴き声を聞きつけて近所の人たちが集まってきた。人々がクジラを切り開いたとき、カラスは逃れて「キュッワン、キュッワン、キュッワン」と鳴きながら森へ飛んで行った。

カラスは離れたところでじっと辛抱し、人々がクジラの脂肪を溶かして鯨油を作り、何箱も箱詰めするまで待った。そしてカラスは人々のところへ戻ると、素知らぬふりで尋ねた。「このクジラはどこからやって来た？　クジラが浜辺に乗り上げたとき何か音が聞こえなかったか？」すると「聞こえたとも。変な音が聞こえて、暗い影が飛び去って行くのを見た」という返事が返ってきた。そこでカラスは「何年も前に、これと同じようなことがあった」と語り始めた。「そしてその音を聞いた者たちは皆死んだ。お前たち、ぐずぐずするな。何も食べるな。ここに置いていけ」それを聞いた人々は皆逃げ去って、カラスは鯨油を独り占めした。

クジラ（クーネ）の中のワタリガラス（フーイェ）。ハイダ族のアーティスト、ジョニー・キット・エルズワ作、1883年

果が上がっているはずだ。脳を使って友達や仲間を出し抜いたり裏をかいたりすれば、個体はより多くの食べ物を獲得し、性的欲求がより満たされ、より長生きし、より多くの子孫を残す、といった生存上の利益を得るはずである。はっきり言うと、この理論に従えば「ずば抜けて賢い動物はずば抜けて狡猾でもある」と予測される。この大胆な考えを念頭に置き、小さいながらも意志の強い陽気な研究者のグループが、「ワタリガラスをはじめとする鳥の脳は、共謀したり策略を企てたりするだけでなく、自分たちのそういう行動をきちんと認識している」という証拠を探し始めた。

ワタリガラスの同盟

1984年の冬のように寒い10月の午後、研究者でマラソンランナーでもあるバーンド・ハインリックはふとした出来事を観察した。それがきっかけで、その後4年間にわたり、ある研究に知力と体力を注ぎ込むこととなる。アメリカのメイン州西部に所有する山小屋で、彼は突然、ワタリガラスのけたたましい鳴き声が森じゅうにこだまするのを聞いた。そして、山小屋からたっぷり1.5kmほど離れた地点で、ヘラジカの死骸の周りで叫んでいるワタリガラスの集団を発見した。「この騒ぎで自分がここに引き寄せられたくらいだから、間違いなくほかのカラスもこの餌まで呼び寄せられたはずだ」と彼は考えた。「カラスたちは、見つけた餌を宣伝しているように見えた。つまり、その餌を分かち合わ

← 飛行中に回転し、空中曲芸を見せるワタリガラス

ざるを得ないということだ」。しかしこの行動は道理に適わないように思われた。なぜこの騒々しいカラスたちは口を閉ざし、自分たちだけでヘラジカを食べてしまわなかったのだろう？

この疑問が頭を離れず、ハインリックはある計画を企てた。それは、動物の死骸を森の中に運び込み、何が起こるかを観察しようというものだ。それから数年間の冬の間に、彼はメイン州のその森に１３５個以上の肉の山、合計でほぼ8トンの餌を供給した。その内訳は、車にひかれたシカ3頭、ヘラジカ5頭、雌牛3頭、子牛12頭、ヒツジ2頭、ヤギ3頭、屠畜場からの大量の臓物、小動物の多数の死骸などである。コヨーテに盗まれないように餌に小便をかけておくという念の入れようで、科学に対する彼の献身ぶりが推察できる。次に、捧げものがそれぞれ設置されると、小屋や迷彩テント、高いトウヒの木の厚い茂みなどを観察所に定め、カラスたちの邪魔をしないで観察できるよう、毎朝夜明けの1時間前に忍び込んだ。観察に費やした時間は合計１５２０時間にのぼる。

最後の観察を終える頃には、2種類の一般的なパターンがあることが分かった。ワタリガラスは死骸を餌にするとき、単独かつがいで姿を現しほとんど音を立てない場合と、20～30羽の集団で耳障りな叫び声とともに騒々しくやって来る場合がある。ハインリックは個体を捕獲し標識を付けることにより、単独かつがいで来るカラスは、自分の縄張りでつがいとなっている成鳥で、それに対して騒々しい集団は主に放浪中の若鳥で構成されていることを突き止めた。なぜこういう違いがあるのだろう？　若いカラスが単独で死骸のある場所に着地すると、そこを縄張りとして定住しているつがいに攻撃され追い払われやすいが、集団で現れた場合はそうではなかった。若いワタリガラスたちは数で優位に立っていた。

神話の悪戯者、再び

同じバラッドのスコットランド版「The Twa Corbies（2羽のカラス）」の挿絵。アーサー・ラッカム作

3羽のカラス

古い英語のバラッド「3羽のワタリガラス」の別バージョンで、1880年代にアメリカのノースカロライナ州とサウスカロライナ州で歌われていたもの。

闇夜のごとく真っ黒な
3羽のカラスが木に止まり、
年寄りカラスが仲間に言った。
「さて飯はどうしたものだろう？」
「どこぞの無慈悲な肉屋に屠られて
あそこの草原に馬が倒れている」
「馬の背骨に止まろうじゃないか。

しかもそれだけではない。こうした不良少年の一団は、偶然集まったのではないことが分かった。互いに新メンバーを積極的に募っていたのである。死骸の近くで若鳥が発する特別な甲高い叫び声はほかの若鳥を現場に呼び寄せるためのもので、こうして集まった若いワタリガラスの集団は降下して餌をとることができるのだ、とハインリックは結論づけた。後で行われた一連の実験では（必然的に肉の確保と輸送を伴い、今回は車にひかれた死骸が数百kgほど調達された）、餌をとる群れが集団ねぐらから形成されることもハインリックらにより証明された。空腹を抱えた若鳥たちは、何かの死骸をご馳走になりたいと、近くの死骸の在りかを知っている先頭の鳥に付いて行くのだ。

ただし、これほどの努力を費やしてもなお、ハインリックに解明できない問題が1つ残った。カラスはこのような流動的な同盟を形成するとき、意識的に構想を練ったり策略を企てたりするのだろうか？　それとも何も考えずに衝動的に行動しているのだろうか？　また、カラスの別の社会行動についても、同様に興味をそそられる不可解な問題が解明されないまま残っている。ワタリガラスは仲間同士で戦略的な交流を持つだけでなく、オオカミやその他の大型肉食哺乳類と実利的関係を築くことが知られている。オオカミとワタリガラスの協調関係は、長い間、刺激的な題材として様々な憶測を呼んでいたが、ハインリックの教え子の大学院生ダニエル・スターラーにより2000年に決定的な記録が残された。イエローストーン国立公園に70年ぶりにオオカミが再導入され、その監視を担当するチームのメンバーとして、スターラーは数年にわたる冬の間、発信機付きの首輪をはめたオオカミの群れを追跡し、獲物を仕留める現場を20回以上観察した。ほぼ毎回、オオカミたちは黒ずくめの随行団に付き添われ、その黒い取り巻きたちはオオカミの頭上を浮遊したり、近くの岩に止まったりしていた。獲物を仕留めたときにカラスがいなかったことは5回あったが、いずれも4分以内に現場に到着した。

ワタリガラスは意図的にオオカミを追っていた。それは明白だった。しかしスターラーと同僚たちは、より一層狡猾な意図のもとに、両者の関係が変化する状況も垣間見た。カラスは時々オオカミを死骸へ導くことがあった(カラスには動物の皮に切れ目を入れて死骸を切開することができないので、この汚れ仕事をオオカミにやってもらっているのだ)。1999年の冬のある日、「ドルイドピーク・パック」という名で知られる群れの中の6頭が、雪に覆われた谷底にあるいつもの通り道を移動しているのが観察された。その頭上に、空に浮かぶシルエットとなって、30数羽の黒い鳥の集団が、ゆるく円を描きながら旋回していた。突然、カラスはオオカミの群れを逸れ、少し離れたところにある雪の中の小山の脇に着地した。正確に2分後、リーダーのオオカミは踏みならされた道を逸れ、残りのメンバーを従えて、深い雪のふきだまりをかき分けながらカラスのいる場所までやって来た。そこでオオカミたちは雪の中からヘラジカの子の死骸を掘り出した。おそらく、少し前にその付近で観察されていた、傷ついて出血し、カラスの黒い大群に取り巻かれていた動物と同じものだと思われた。死骸が切開されると、カラスはオオカミに交って用心深く着地し、共謀者は同じ食事を分かち合った。

フランスのラ・フォンテーヌの寓話集には「le Corbeau（カラス）」を騙してチーズをせしめる「le Renard（キツネ）」の物語がある。ただし、現実にはカラスはそう簡単には騙されない

7羽のカラス

1812年にヤーコプとヴィルヘルム・グリムが著した『子どもたちと家庭の童話（グリム童話）』を意訳した。

昔あるところに、7人の息子と1人の病弱な娘を持つ男がいた。最愛の娘が死ぬかもしれないと思った男は、洗礼を施してやろうと考え、井戸の水を汲んでくるようにと息子たちに言いつけた。我こそは父親の望みを叶えてやろうと息子たちが押し合いへし合いしているうちに、水差しは井戸の底へ落ちてしまった。彼らは途方に暮れていた。息子たちが言いつけ通り家に戻って来なかったので、堪忍袋の緒が切れた父親はこう言った。「あいつらみんなワタリガラスになっちまえ」そう言うが早いか、翼の羽ばたく音を聞いた父親が空を見上げると、7羽の真っ黒なカラスが飛び去って行った。息子たちを失った両親は悲しんだが、幼い娘の健康がせめてもの慰めだった。娘はやがてたくましく、この上なく美しく成長した。兄たちのことは娘に知らされていなかったが、噂を小耳に挟み、ついに一部始終が娘の知るところとなった。そこで娘は兄たちを助けるために旅に出た。

娘はあまたの試練と恐怖を乗り越えながら、太陽や月にまで至る旅を続けた。ついに、明け方の星がニワトリの骨を渡してくれた。それは、兄たちが囚われているガラスの山の扉を開く鍵だった。ところが、ガラスの山にたどり着くまでに骨を失くしてしまい、万策尽きた娘は自分の小指を切り落とし、それを使って鍵を開けた。

ガラスの山に入ると、兄たちである、山の主の7羽のワタリガラスが夕食に戻るまで待たねばならなかった。突然、空中を駆け抜ける翼の羽ばたきが聞こえたかと思うと、大きな黒い鳥たちが現れた。愛情深い妹が助けに来たことで呪いが解け、カラスが人間の姿に戻ると、兄妹は大喜びで家に帰った。

ご馳走にありつく7羽のカラス。
アーサー・ラッカム作、1900年

夜につがいの相手に擦り寄っていたのと
同じメスが、
オスが目を離した隙に
こっそり抜け出して
近所のオスと交尾する

そのころ、研究所では……

ワタリガラスは狡猾だろうか？　それは間違いない。彼らは個人的な利益を得るために社会的関係を利用するだろうか？　それも紛れもない事実である。では、悪事を働こうというはっきりした意思を持って意図的に行動しているのだろうか？　その点ははるかに難しい問題だ。それでも、ワタリガラスの意識の問題は、人間の知性の解明と科学の進歩のために取り組まれなければならないと確信している人たちがいる。ハインリックもその1人である。「私が研究を始めたときは、知性の問題に全く興味はなかった」と彼は言う。「カラスに押し付けられたのだ」

ハインリックは子供向けの雑誌の記事を読んでいて、思いがけなくもワタリガラスの知能テストのアイデアを得た。「餌をひもで結んでそれを止まり木の下に吊るし、その餌をとれるほどの知恵が鳥にあるかどうかを観察しよう」と記事の著者は提案した。この実験は最小限の労力で済む（大きな死骸を苦労して運ぶ必要がない）ので、ハインリックは自宅の裏庭で飼育している研究用のワタリガラスの集団で試してみることにした。古くて硬いサラミの塊がごほうびとして空中にぶら下げられた。サラミを取る唯一の方法はひもを引っ張り上げることだが、それは飼育されているカラスたちがやったことのない動作だった。カラスたちは戸惑うことだろうとハインリックはほぼ確信していた。だから、1羽のカラスがまず注意深く仕掛けを確認した後で、自信たっぷりに、ひもを手繰り寄せては足で押さえる動作を繰り返し、ついに首尾よくごほうびを引き上げたときのハインリックの驚きを想像してみてほしい。

その後に続く実験で、問題を解決できないカラスもいたことから、ひもについた餌を引き上げる動作は本能的にできるものではないことが分かる。しかし、ほかの、おそらくカラスのアインシュタインとも言える者たちは、仕掛けに触れてから30秒以内にサラミを獲得した。ハインリックの目にさらに驚異的に映ったのは、普通の餌なら必ず、それを持って飛び去ったはずなのに、餌を引き上げることに成功したカラスたちが、決してひものついたままのサラミを持って飛び去ろうとしなかったことである。まるで、もしそのまま飛ぼうとすればサラミが嘴からもぎ取られてしまうということを、試したこともないのに理解していたかのようである。「飛び去ら『ない』という、この驚くべき行動の重要さは、試行を繰り返しての学習抜きに、『新しい』行動を獲得したという点にある」とハインリックは言う。「カラスたちは、まるで既に試行済みであるかのように行動した。最も単純に考えれば、頭の中で試行を済ませていたと仮定できる」

ハインリックの実験結果は、行動する前に考える能力がワタリガラスにあることを強く示唆している。しかし、縛り付けられた肉という、比較的単純な物理的概念を理解することと、変化し続ける微妙な社会的関係を見極めることとの間には、大きな隔たりがある。そこで謎は残る。ワタリガラスは互いを出し抜くためにその利口さを使っているのだろうか？

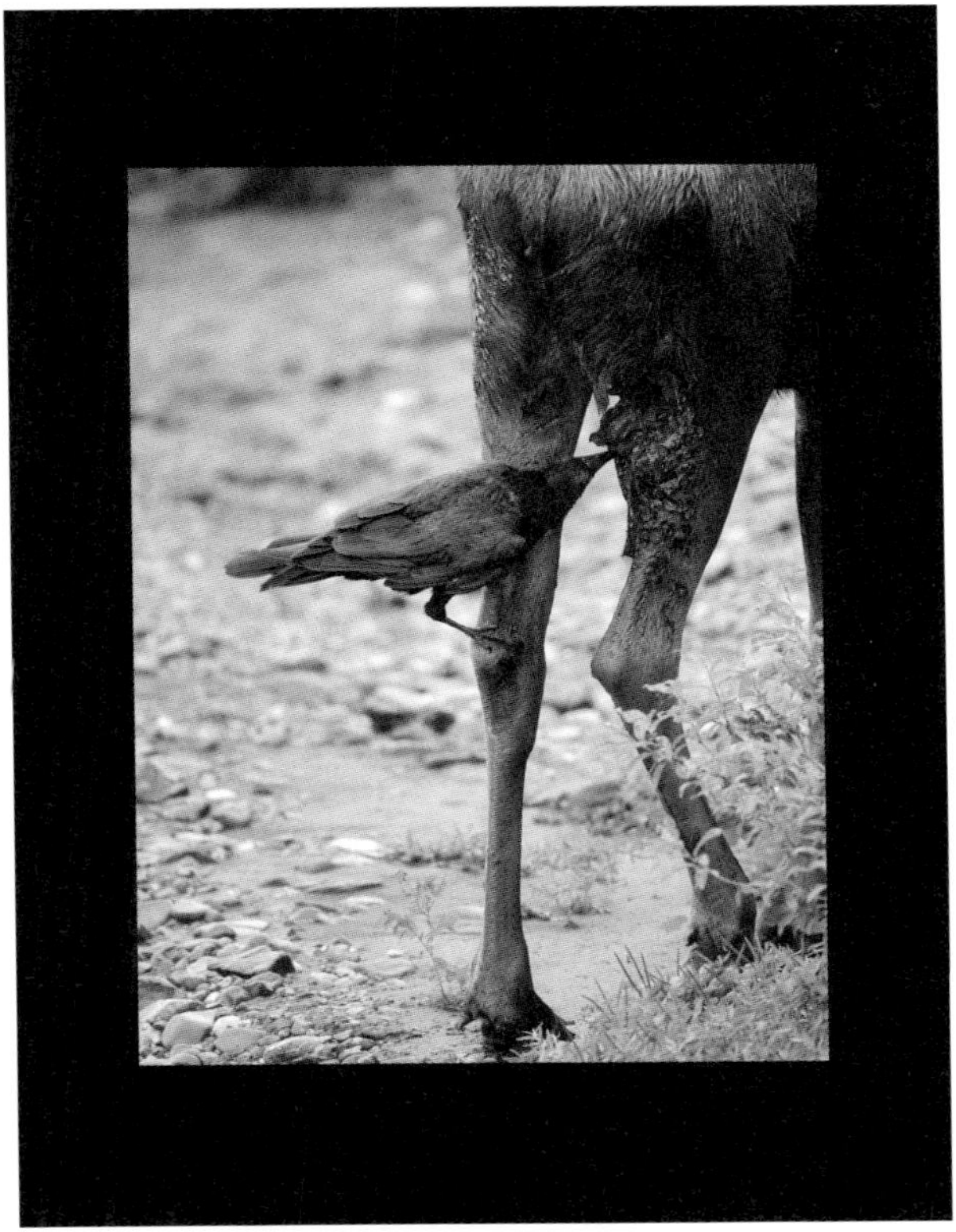

「自然は歯と鉤爪を血まみれにして」（＊英国の詩人テニスンの『追憶』の一節）──オオカミの群れに襲われたヘラジカの傷口をつつくワタリガラス、アラスカのデナリ国立公園

貯食と輸送

ワタリガラスを指す英語の「raven」は、動詞としては「貪り食う」という意味を持つが、まさしくそれは、死骸に遭遇したワタリガラスの集団の行為である。徒党を組んだときに集団内に存在していた仲間意識は瞬く間に消滅し、臆面もなく利己心をあらわにした暴徒に変わる。それぞれのカラスはできる限り多くの肉を独占しようと、食べきれない余分な肉を引きちぎって隠す。喉袋を餌で膨ませ、嘴から血の滴る肉片をぶら下げたカラスたちが行き来する間、びゅんびゅん風を切る翼の音で辺りが満たされる。肉片は雪や土の中など、1つずつ別の場所に隠され、その在りかを知っているのは餌を隠したカラスだけだ。ただし1つだけ重要な例外がある。もし、別のカラスがたまたま見ていたら、このカラスもその場所を頭の中の地図に印し、後でこっそり戻ってきてごほうびを横取りしようと企むのである。

この関係では、両者は互いを欺くことにより利益を挙げる立場にあり、狡猾なカラスの知性を研究するのにうってつけの実験が自然の環境によって提供される。もし、この宝探しのゲームにおいてカラスが本当に互いを出し抜こうとするのであれば、双方が戦略的に行動するはずである。例えば、一方の立場について考えてみよう。隠すべき餌を持っているカラスは、群れから離れてから宝物を埋めるなり、岩の後ろなど、ほかのカラスから見えないと分かっている場所にこっそり隠れるなりするだろう。そしてもし、こういう戦略にもかかわらず、ほかのカラスが見ていることに偶然気づいたとしたら、隠した餌を掘り返し、新しい、もっと安全な場所に移動させるはずである。ハインリックを始めとする研究者たち、特に、オーストリアの動物学者トーマス・バグニャールによる実験では、実際にその通りの結果が出た。貯食する側のカラスは上述のようなあらゆる戦術を使用することが分かったのである。それだけでなく、「偽の貯食場所」を作ることも分かっている。つまり、ほかのカラスの前で念入りに隠すふりをしておいて、それを見ていたカラスたちが盗みを働こうと偽の貯食場所に押し寄せた隙に、餌を持ち去って別の場所にこっそり隠すのである。

もう一方の立場にある、宝をくすねてやろうと観察しているカラスのほうにも、いくつかの計略がある。貯食しているカラスが何をしているのかを慌てて見に行くのではなく、何気ない様子で振る舞いながら少し距離を取って素知らぬ顔をしている。ただしその間ずっと、視線が遮られないように密かに画策し、貯食場所を正確に把握するのだ。

さらに、貯食作業を終えてカラスが去った後でも（心配そうに何度も後ろを見やりつつ）、見ていたカラスはこっそり監視し続ける。1分、また1分と過ぎる。ついに貯食者がその場を完全に離れたらしいと分かると、この正当な所有者が大急ぎで引き返して来る前に餌を盗んでやろうと、貯食場所に急行する。

トーマス・バグニャールはこの一連の発見を2002年に『Animal Behaviour』誌に発表し、研究所と野外の両方における貯食行動の観察に基づいて、「ワタリガラスたちは意図的に互いを欺こうとし

◆銀の星の宝物◆

ある日の観察中、私は1羽のカラスが何か白い物を嘴にくわえてカナダ・トロントにあるドン渓谷を渡っているのを見た。カラスはローズデール川の河口へ飛び、さらにそこからほど近いビーバー・エルムまで飛んだ。そこでカラスが白い物を落とし、辺りを見渡したときに、そのカラスが私の古い馴染みの「銀の星（顔の片側に白い部分があるのが特徴の年寄りカラス）」だと気がついた。彼が落とした白い物は貝殻だった。彼は少し間を置いてからそれをつまみ上げると、泉の先まで歩いて行った。そしてここのスイバやザゼンソウの茂みの中から、貝殻やほかの白くてピカピカしたものをたくさん掘り出した。それを日向に広げて、ひっくり返したり、嘴で1つ1つ持ち上げては落としたり、まるで卵であるかのように抱いたり、もてあそんだり、守銭奴のように満足気に眺めたりした。これは彼の趣味であり、弱みだった。……彼の喜びは紛れもなく本物であり、30分後、新しい貝殻を含め全てを土や落ち葉で覆うと飛び去った。私はすぐその場に行って蓄えを調べた。全部で帽子がいっぱいになるほどあった。ほとんどが白い小石や貝殻、ブリキの破片だったが、陶器のティーカップの取っ手もあり、コレクションの中で特に貴重なものに違いないと思われた。私がコレクションを見たのはそれが最後だった。銀の星は私が宝物を見つけたと知るとすぐにどこかに移し、新しい隠し場所は分からず終いだった。

アーネスト・トンプソン・シートン著『Wild Animals I Have Known（私の知る野生動物）』（1898年）より〔＊シートンの第一作品集。『シートン動物記』はシートンの全著作に対する日本での総称〕

1635年に反逆罪で首をくくられ、はらわたを取られ、四つ裂きにされた不運なジョン・スティーブンスの亡骸をご馳走になるカラスたち

ているように思われる」と指摘した。ただしカラスたちが一連の複雑な遺伝的指令を遂行し、自動操縦モードのように無意識のうちに行動している可能性を完全に排除することはできなかった。そこへ、フギンという名のワタリガラスが現れた。

フギンという名は、北欧神話のヴァルハラ宮殿に住む神に仕えた、全知のワタリガラスの片割れと同じ名前だが、こちらのフギンは動物園で繁殖されて生まれた、どこから見てもごく普通の6歳のオスだ。ムニンという名の相棒を含む数羽のカラスと一緒に、オーストリアのグリューナウにあるコンラート・ローレンツ研究所の飼育園で育てられた。社会的学習の研究の一環として、4羽のカラスたちに、黄、赤、青の3色に色分けされた3群のフィルムケースが提示された。毎日、3色のうちどれか1色の容器に餌としてチーズの欠片が入れられた。理解するまでに少々時間がかかるルールをカラスに提示し、ゆっくりと観察しようという計画だった。

ところが、フギンは実験を始めた初日の朝にそのルールを理解した。ある色のグループに空の容器を見つけると、すぐ別の色のグループへ移ることを繰り返し、餌の入った容器を突き止めた。フギンとは対照的に、相棒のムニンは見てみる気さえ起こらないようだった。その代わり、集団内で優勢な個体だったムニンは、フギンが餌を見つけるまでじっと待った。そして強引に割り込んで美味しいチーズを貪り食った。ムニンが餌の入った容器の周りをうろついている今となっては、残念ながらフギンにとって分が悪かった。フギンが蓋を開け、チーズを見つければ見つけるほど、ムニンが得をしたのである。

「天上のワタリガラス」カナダのケープ・ドーセットと呼ばれるイヌイットの集落の芸術家ケノジュアク・アシェヴァク作、2003年

◆ 箱を開けたワタリガラス ◆

アラスカ・ネイティブ・ナレッジ・ネットワークが1995年にインターネット上で発表した文書を意訳した。

アラスカ南西部の長老たちが語るところによると、世界の始まりは闇に包まれていた。地上で最も強力な者はワタリガラスであった。ある日カラスは、ナス川の岸辺に、偉大なる族長である父親と一緒に暮らしている若く美しい娘のことを知った。娘は太陽と月と星を所有し、それらを彫刻が施されたスギの箱に大切にしまっていた。

その宝を盗むには娘と父親を騙すしかないことがカラスには分かっていた。そこでカラスはツガの葉に姿を変えると、娘のコップの中に落ち、水と一緒に娘の体内に飲み込まれた。すぐに娘は男の子を生み、族長はこの孫を心からかわいがった。男の子（実はカラス）が少し成長すると、月と星が入っている箱をねだって泣いた。族長が箱を与えると、男の子は箱を煙穴へ投げ上げ、月と星は空に散らばった。族長は残念に思ったが、孫をとても愛していたので、悪さをしたことを懲らしめようとはしなかった。

やがて男の子はもう1つの、太陽の入っている箱が欲しいと泣きだした。そこで族長はまた箱を孫に渡してやった。男の子は長いことその箱で遊んでいた。そして突然カラスの姿に戻ると、煙穴を通って家から出て行った。しばらくして、カラスは暗闇の中で地上の人間たちの声を聞いた。

「灯りが欲しいか？」とカラスは人間たちに聞いた。そして美しい箱を開け、太陽の光を世界にもたらした。人間たちはとても恐ろしがって、地上の隅々まで逃げて行った。だから、カラスの人々は世界の至る所に散らばっている。

「カラスと貝」イソップの寓話で、「親切な」カラスが、貝を石の上に落として割ることを仲間に教えてやり、貝が割れるとすかさず舞い降りて我が物にした

フギンは社会的に下位にあったが、黙って言いなりになるわけではなかった。実験初日の午後、フギンは対抗手段を取った。ムニンがまとわりついてくると、フギンは餌探しを中断し、ほうびの入っていない容器のところへ飛び、空の容器を開け始めた。次から次へと開け続けていると、しまいにムニンが仲間に加わろうとやって来た。ライバルが空の容器の束を嗅ぎ回っている隙に、フギンはほうびの入った容器のところへ大急ぎで戻り、先にスタートを切って少しでも余計にほうびを手に入れようとした。この行動が1週間ほど続いた後、ムニンはフギンの策略を理解し、偽の誘いに乗らなくなった。競争上の優位を失ったフギンはかんしゃくを起こした。「彼は容器を振り回し始めた」とバグニャールは報告する。しかし、フギンは間もなく落ち着きを取り戻し、実験中のほかのカラスから盗んで、ムニンの盗みを埋め合わせることを覚えた。

フギンは軽い嘘をつき、その嘘が発覚するまで、偽りの行為を通じて有形の利益を個人的に手に入れた。この怪しげな行動は「戦術的」あるいは意図的な欺きの定義に適う。こうして、これまで人間とその近縁の霊長類が独占してきた「社会的嘘つきクラブ」に、ワタリガラスの入会が認められることになった。ワタリガラスは最も狡猾な者として生存競争を勝ち抜いた種だと考えられる。

◆ 2羽のイヌワシ ◆

ジャック・トンプソンはカラスの興味深い知的な行動を数多く見てきたが、こんな行動は初めてだった。

2013年3月30日、アメリカのオレゴン州

静かな翼に運ばれて死がやって来るとき、賢いカラスでさえも逃れられない

北東部。この日の早朝、家の周りの様子を見ようと外に出ていると、イヌワシの成鳥が姿を現し小川に沿ってゆっくりと飛んでいた。突然、15羽ほどのカラスの集団がイヌワシの周りに集まり、躍起になって追跡を始めた。その一群がもっと開けた場所のある下流へ飛び続けていると、今度は非常に大きい別のイヌワシがその上空に姿を現した。2羽目のワシは出し抜けに羽ばたきをやめ、カラスの群れめがけて真っ逆さまに急降下し始めた。私はそのとき初めて、2羽のワシたちがカラスを昼食にしようと目論んでいることに気が付いた。私の人生で初めてカラスが出し抜かれ、この黒い鳥たちのいずれかが死ぬのだと確信した。

カラスの群れにとって自然の本能的な行動は、時速160kmを超えると思われるスピードで接近している捕食者の判断ミスに望みをかけ、散り散りになることだったはずだ。ところが実際に起こったことは次の通りである。

カラスたちは混乱もなく即座に集合して一塊になり、まるで1羽の巨大な鳥であるかのように密集した。そして一斉に、低空を飛んでいたワシの真下に移動したのである。急降下攻撃を目論んでいたほうのワシは共犯者にぶつからないように進路を変更せざるを得ず、スピードを失い、カラス全てを取り逃がした。

カラスたちは動じない様子で次の手に出た。優れた機動性を生かして2羽のワシに集団で擬攻撃（モビング）を仕掛けたのである。鳥たちが渓谷を離れる前にワシが再び攻撃を試みると、カラスが全く同じ方法で対応したことは興味深い。大きなワシは空腹のまま飛び去って行った。

あのカラスたちと同じように反応できるほどの知恵が私自身にあるとは到底思えない。しかも彼らは何の道具も使わずに、死を目前にしてやってのけたのである。

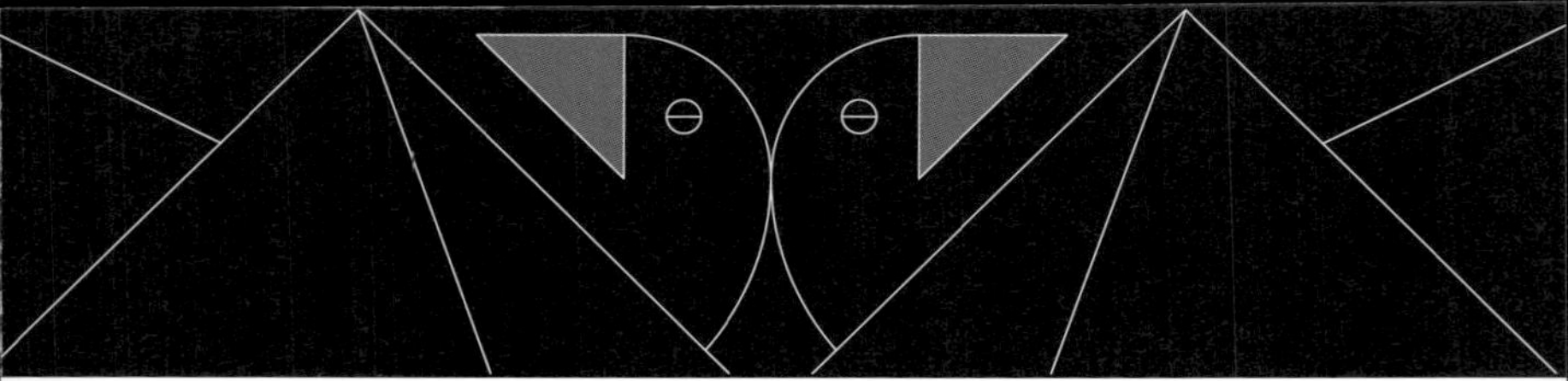

{第4章}

仲間意識

人間とほかの動物たちを区別する特徴として唯一残っているのは、言語を使いこなすという人間に特有の能力だ。長年、人類の特徴だと主張されてきたそのほかのあらゆる栄誉は、最初は高等霊長類と、さらに「羽の生えた類人猿」とも呼ばれるカラス属の鳥たちともついに分かち合わざるを得なくなった。「道具製作者としてのヒト」〔＊『Man the Tool-Maker』〈ケネス・オークリー著、大英自然史博物館、1949年〉が念頭にあると思われる。邦訳は『石器時代の技術』〈国分直一、木村伸義訳、ニュー・サイエンス社、1971年〉〕は、その地位にオランウータンやチンパンジーを仲間入りさせられただけでなく、頭の上に止まったカラスまで受け入れざるを得なくなった。同様に、人類の社会的交流は多くの霊長類やカラスのそれと驚くほど似ていることが分かっている。また、フギンのひと騒動を踏まえると、現生人類のホモ・サピエンス・サピエンスは欺瞞《ぎまん》の術においても完全に例外的だと主張することさえできないようだ。

Fellow Feeling

アメリカのイラストレーター、ルイス・ルヘッドが描いた右の絵では、偉大な魔術師マーリンが2つの知恵の源である本とカラスから教示を受けている

それでも、意味を成す文法的な順序でつなぎ合わせる能力、いわば言葉の網で世界を捉える能力は、今なお人類特有の並外れた功績だと考えられる。カラスが簡単な道具を使ったり、騙したりするのを見ることはあっても、本を嘴にくわえたカラスを見ることは決してないだろう。

この違いは重要であり、誰もが認める揺るぎない事実である。ただし、これまでのところはそうだったが、実は言語の有無によるこの境界についても、人間とほかの動物との境目がやや不鮮明になり始めている。人類の言語能力の独自性という中心的な前提に疑問を投げかけることなく、研究者たちは乳児期の「ダ、ダ」「マ、マ」などの喃語を通じて言語が学ばれる仕組みを理解しようと努力してきた。人間に近縁の霊長類では人間の赤ん坊のようにバブバブと発声する段階はない。生まれたその日から完璧な唸り声を上げられるのだ。しかし、カラスやほかの鳴き鳥はこの点で人間によく似ている。鳴き鳥の幼鳥は手本がないとさえずりを習得できず、同じ種の成鳥の声に倣って種特有の発声を練習しなければならない。その後、雑音が連なるような「未熟な歌《サブソング》」や、雑音ではなく、成鳥と同じ音響パターンを持つ音が順不同に並んだ「可塑的な歌《プラスチック・ソング》」など、未完成のさえずり（ぐぜり鳴き）をとうとうと発するようになる。例えば、若いカラスが独り枝に止まって一心不乱に、優しい調子のカーカーや、クークー、カチカチ、カラカラ、あるいは錆びついた門がきしむようなギーギーといった音から成るとりとめもないメドレーを流暢に発していることがある。その歌を

アンドルー・ラングの『ふじいろの童話集』（原文出版年1919年）の上のイラストは、ズキンガラスに甘い言葉で誘惑された三人姉妹の末娘がカラスとの結婚を承諾する場面

聴くとまるで鳥の世界のエラ・フィッツジェラルドに出会ったような気持ちになる。カラスの奏でる音楽は、この偉大なジャズ歌手と同様の叙情性と生きる喜びに満ち溢れているのだ。

即興がカラスの歌の特徴である。動物学者で「カラス音楽学の権威」のエレノア・ブラウンによると、カラスが呟くように歌うアリアは、どのフレーズも独創的だ。「クー」を4回、その後「ギー」を2回、次に「カー」と「ガラ」の合成音、続けて「カー」を5回というパターンもあれば、「カー」が1回だけで、続けて短い「クー」を7回というパターンなど、歌の要素が様々なパターンで自由につなぎ合わされている。それだけでなく、こういうふうに同じ音が繰り返されるとき、それぞれの音の調子が変わる。例えば、「カー」が5回続く場合、それぞれの「カー」は、次の音とは高さも長さも違う音である。カラスは羽繕いをしたり、物をいじったり、伸びをしたり、見回したり、仲間と交流したりしながら、このように変化に富んだ呪文のような歌を1時間以上も唱え続けられるのだ。家族の集団内では、兄弟姉妹が代わる代わる歌ったり、あるいは声を揃えて歌ったりして、同じ音かよく似た音を同時に発して一緒に声を出すことがよくある。呟くような歌声のカラスたちが、時にはペアになって数センチの距離に寄り添い合い、歌と身振りの両方で調子を合わせていることがある。

ブラウンによると、こういうペアの行動は、友情や社会的な結びつきの印として互いの歌を調和させているのだという。ブラウンが研究したカラスの家族はそれぞれ独自の語彙（音）を持っている。「カーカー」と長くあるいは短く鳴く声と、様々なバリエーションのあるカラカラという音など、一部

◆ カラスの予言 ◆

古代ギリシアの哲学者テオプラストス
（紀元前371〜286年頃）

いつもいろいろな音を立てているワタリガラスが、そういう音の1つを素早く2度繰り返し、グルルと音を立て、翼をはためかせたら雨の兆しである。また、雨の多い時期にカラスがいろいろな音を立てていたり、あるいはオリーブの木に止まって体のシラミをとっていたりしたら、やはり雨の兆しである。晴天の多い時期か雨天の多い時期かにかかわらず、カラスが声を使って、まるで雨粒が落ちるかのような音を模したら、それも雨の兆しである。

ヘンリー・ダグラス＝ヒューム著
『Birdman（鳥の思い出）』1977年

ミヤマガラスはいつも不吉な鳥と言われていた。19世紀にダグラス家の城の近くにミヤマガラスのねぐらがあった。それは私の曽祖父がかなり若いころで、カラスの鳴き声にいら立った曽祖父は、300個ほどの巣もろとも、カラスを追い払うように召使に命じた。するとある老婦人が「カラスを追い払うとは何事だ」と大声で叱りつけ、「そのうちカラスたちが戻ってきたら、それはあなたが死ぬ日だろうよ！」と言った。曽祖父が年を取り死期が迫っていたころ、ついにその時がやって来た。曽祖父はさぞかし恐ろしい思いをしたことだろう。突然、城の周辺の木々に大勢のカラスたちがカーカー鳴きながら集まって来たからだ。彼は「何ということだ、カラスが戻って来るとは！」と叫んでベッドに横たわり、「つまりあの世へ行く日が来たということだ」と言った。そしてその通りになった。

騒々しいカラスの集団の待ち伏せ攻撃に遭う、
フランスの魚売り。1899年

はほかのグループと共通だが、それ以外の多くの音は家族固有の音である。例えば、4羽から成るあるアメリカガラスの家族は、「ケック」という鳴き声や高音のカラカラ音を使ったが、近隣でこの音を使うカラスはほかに1羽もいなかった。彼らに固有の音節には、生得のものではなく、学習されたものがあることが分かっている。特に、Pと呼ばれたヒナは、よく頭上を飛んでいたウオガラス（これはメリーランド州の話である）の真似をして、「アーク」や「ワック」のような感じの、2種類の独特の鳴き声を習得した。数カ月後、Pの妹のRUが自分の歌でもこの鳴き声を使い始め、家族のコーラスに一層の調和が図られた。

カラスの交流の中で、歌には心を落ち着かせる効果があることにブラウンは注目している。家族である2羽のカラスが対立すると、一方が歌い始めることがよくあり、するとたちまちケンカが収まる。特定のペアが歌の要素を共有していればいるほど親密である傾向が強く、交流したり、互いの羽繕いをしたりしてより多くの時間を過ごす。また、その逆も然りで、共有する音が少ないほど、社会的つながりが弱くなる。例えば、2羽の仲良し姉妹が、血縁関係がなく、違う歌を歌うカラスと一緒に飼育ケージに入れられると、強い絆を持つ姉妹ペアは見知らぬカラスを完全に無視した。しかし、そのよそ者カラスが姉妹の特徴的な「クークー」という鳴き声を再現できるようになるとすぐ、グループの一員として認め、羽繕いの相手として受け入れた。「羽毛の同じ鳥は群れる（Birds of a feather flock together、類は友を呼ぶ）」という英語のことわざをもじれば、歌の同じカラスは同じ群れに加わるようである。

カラスは強烈な社会意識を持つ

ワタリガラスの文化

カラスに関する知識に基づいて考えると、彼らの発声行動が強烈な社会性を帯びていても不思議ではない。しかし、もし、社会的なパートナーが互いの鳴き声を習得するだけでなく、鳴き声の有意義な使い方について、共通の理解を形成していると言ったらどうだろう？　この考えはここ20数年間で形成されてきたもので、動物学者のピーター・エンギストとウエリ・フィスターがスイス、ベルンのすぐ南の地域で実施したワタリガラスの研究を根拠としている。この実験の手順は単純だ。飼育下にある2羽のワタリガラスの入ったケージを、自由に暮らす野生のつがいの縄張りに置き、カラスたちが接触している間に立てる音を録音する。研究所に戻ってから録音を分析し、それぞれのカラスが使う鳴き声の種類を数える。「鳴き声」は、喉を鳴らす音、笑うような音、声を震わせるような音、ノックのような音、吠えるような音、「クウォーク」のような音、鐘が鳴り響くような音など、驚くほど多様性に富んでいる。さらに新しい音のレパートリーを既に記録済みの音と比較する。

現在までに収集されたライブラリーには、37組のワタリガラスのつがいが発した、6万4000点以上の発声が収められている。この耳障りな音声のなかから、84種類のはっきり異なる鳴き声が特定され、新しいつがいがこのコーラスに加わるにつれリストは増え続けている。鳴管《めいかん》と呼ばれる発生器官の性能の範囲内で、カラスは自由に鳴き声を習得したり、模倣したり、創作したりできるようである。また、ワタリガラス全体の発声のレパートリーには際限がないと考えられている。ただし、これほど様々な音を出せる潜在能力があるにもかかわらず、個々の成鳥の「語彙」はわずか十数種類ほどの鳴き声に限られている。きしむような音や唸るような音のなかには、特定の個体だけが使うものがいくつかあるが、それ以外のほとんどは、同じ音を使うカラスがより大きな集団に何羽か存在する。もしかすると、青年期にねぐら仲間としてたむろしたり、集団で餌をとったりしているときに、カラスはこういう発声のいくつかを互いに学び合うのではないだろうか？　若いカラスの鳴き声は、成鳥よりも多様性があり、変化しやすいという点に、深い意味があるように思われる。

若いワタリガラスがどのように鳴き声を習得するのかは分かっていないものの、成鳥が互いに新しい発声を学び合えるのは明らかである。例えば、先ほどのスイスの研究で、飼育されているオスの1羽が、訪問先の野生のオスから3種類の新しい発声を覚えた。一般的に、ワタリガラスは同じ性別のカラスから鳴き声の多くを学び、使い手の性別がほぼ限定されている音があるようだ。その結果、オスとメスのレパートリーはかなり違う傾向にある。ただし、語彙におけるこういう性差は、つがいの間ではある程度緩和される。つがいは普通、4、5種類の鳴き声を共有し、そのいくつかはおそらくお互いから習ったものだと考えられるからである。

そして興味をそそられるのは正にここから先の話である。各つがいには独自の発声のレパートリーがあるだけでなく、共有する語彙に当たる音を使う方法について、それぞれ独自のルールまであるのだ。例えば、スイスの研究で、飼育されているカラスのケージが縄張りに置かれると、ある野生のメスは侵入に反応してしゃがれ声で短く「クワック」と鳴き、パートナーはガラガラ声で「ガー」と返

◆おしゃべりカラスのヘンゼル◆

ヘンゼル（オーストリアのヴェルデルン村に住んでいたズキンガラス）は、おしゃべりの才能に最も恵まれたオウムに匹敵する能力があった。このカラスは隣村の鉄道員によって育てられ、自由に辺りを飛び回りながら健康で体格のよい成鳥に育ったので、育ての親の飼育能力のよい宣伝になった。……（1度、飼い主から世話を頼まれたとき）ヘンゼルに驚くようなおしゃべりの才能があることを発見した私は、そのおしゃべりをたっぷり聞かせてもらった。もちろん、ヘンゼルが話す言葉は、人馴れしたカラスが村の道端の木に止まり、村人の下世話な会話に耳を傾けていて覚えたのだろうと思われるものばかりだった。……

あるとき、ヘンゼルが何週間も姿を見せず、ようやく戻って来たとき、私はヘンゼルの片方の足の指が1本折れた後、曲がったまま治っているのに気が付いた。そしてここがおしゃべりガラス、ヘンゼルの物語の肝心なところである。実は、彼がどのようにけがをしたのか私たちは知っているのだ。誰から聞いたのかって？　何を隠そう、ヘンゼル本人からである！　しばらく姿が見えなかったヘンゼルが突然戻ってきたとき、彼は新しい文章を覚えてきた。オーストリア北東部の訛りを持つ悪ガキさながらに、ヘンゼルはこんなふうに言ったのだ。「罠を仕掛けてとったんさぁ！」この発言が事実であることは間違いない。……どうやって逃げてきたのかは、ヘンゼルは残念ながら教えてくれなかった。

エドガー・アラン・ポー作『大鴉』の映画版のポスター、1908年頃

右の絵は、カナダのクイーン・シャーロット諸島（現在の名称はハイダ・グアイ）のハイダ族に伝わる神話のワタリガラス「フーイエ」をかたどったもの。ジョニー・キット・エルズワ作、1883年

事をした。それとは対照的に、別のつがいではメスは同じ「クワック」という鳴き声で反応したものの、パートナーは柔らかく「クワー」と鳴いて答えた。これは研究対象のほかのカラスが使ったことのない音だった。一方、このオスが「ガー」と返事をするのは、メスが耳障りなしゃがれ声で「カー・カ・カ」と強弱弱の三揃いの音（長・短・短）で叫ぶときだった。これはほんの一例で、数え切れないほどのバリエーションがあった。森にカラスのケージが置き去りにされるという状況はいつも同じだったが、それぞれのつがいの反応は独自のものだった。

ヒナが食べ物をねだる声や、餌をとる集団の叫び声といった、少数の基本的な発声はおそらく例外として、ワタリガラスの鳴き声には遺伝的に予め機能が割り当てられているわけではない、というのがこの実験から導き出せる。つまり、カラスたちのガンガン鳴り響くような発声は、各カラスの社会的な体験という状況の中で意味と使い方が決まる可能性がある。「ワタリガラス語」には人間の言語のような象徴記号としての機能はないかもしれない。ただし、単純な記号体系でもなく、獣の唸りや呻きの寄せ集めでもない。何か美しいものが私たちの目の前にその片鱗を現そうとしている。

カラスの感情

たった一日だけでも、カラスに姿を変えることができたならどんなにいいだろう。もしも、カサカサと音を立てる黒い羽のマントを自在に操り、空を飛び、のんびり翼を広げて薄い空気の中を漂えたなら……。カラスの自分は何を見て、何を考え、何を記憶するのだろう？　あの耳障りな声は、自分自身の耳にはどのように反響するのだろう？　また、一番大きな謎だが、カラスはどんな感情を持っているのだろう？　ウィリアムズ・シェイクスピアの『トロイラスとクレシダ』の一節「One touch of nature makes the whole world kin（一片の共感が万物を同胞にする）」が正しいとすると、人間とカラスの類縁性は、感情が吹きすさぶ心の内側にも及ぶのだろうか？

互いの交流や意思決定、コミュニケーションなど、鳥や動物の行動を理解するのはかなり難しい。感情という霞のように捉えがたい問題に至っては、ほとんど調査は不可能だ。これまでの研究により、無関心から最大限の注意喚起まで、カラスが幅広い「動機づけの強さ」を表現することが立証されている。例えば、カラスのヒナが空腹を伝える鳴き声を発する回数と、両親が最後に餌を運んでからの経過分数との関係は、グラフで示すことができる。同じことが縄張りへの侵入にも言える。侵入の脅威がより深刻で、より長引くほど、カラスの発声は大きく、激しくなる。

こういう統計から、カラスがおそらく何らかの情動を抱いているのではないかと推測できるものの、

完全な静寂が捉えられた「雪柳に烏」（部分）。
19世紀の絵師、池田孤邨《こそん》の作

◆ タカの見張りをしたワタリガラス ◆

野生生物学者のローレン・ギルパトリックは、偶然ワタリガラスたちと一緒の時間を過ごすことになった。

　あの年の秋、アメリカのメイン州西部の尾根を越えて南へ向かうタカの渡りを監視するのが私の仕事だった。そのため、夜明け前に起きて人里離れた山の頂上へ向かったが、途中まではオフロードカーを使い、そこから先は険しい山道を徒歩で登らなければならなかった。荒涼とした山頂の観測所からは、どの方向を見回しても、世界ははるか眼下に霞み、めまいのするような光景がどこまでも広がっていた。こんなに広大な土地をどうやったら1人で見張れるだろうか？

　山にいる間、ほかの人間には1人しか出会わなかったが、幸運にも、私は完全にひとりぼっちではなかった。そこに住むワタリガラスの家族が一緒にいてくれて、意図的ではないものの手助けまでしてくれたのだった。私が山頂に着くと必ず、彼らはまるで流れる黒檀のように森の中から飛んできて、彼らの国への不法侵入者と思しき私をさりげなく眺めた。私はいつも「こんにちは」とカラスの1羽1羽に順番に話しかけ、優しく、航空管制でいう『敵味方識別コード』を発するように「スコーク」と鳴き声を真似てあいさつした。彼らは私を縄張りへの常連客として受け入れてくれたようだった。もしかしたら、鳥オタクの私が大声で笑ったり、独り言を言ったりするのが彼らの旺盛な好奇心を刺激して、彼らは私の存在を楽しんでさえいたのかもしれない。

私はほどなく、カラスたちの鳴き声のなかで「クワーク」という特定の鳴き声が「タカ」を意味することに気が付いた。その引き伸ばされたしわがれ声を聞くたびに、アシボソハイタカか、アカオノスリか、クーパーハイタカが通過しているに違いないこと、その渡り鳥がすぐにカラスの擬攻撃に遭うことが分かった。鋭敏な感覚を持つカラスたちを私は頼りにするようになった。

カラスの縄張りへ入ってくるタカたちは、カラスの嫌がらせを気にかけていない様子だった。アカオノスリはよく大きな肩をすぼめ、ハイタカ属の小型のタカは回転したり翼を引っ込めたりして攻撃をかわすこともあった。1度だけ、気難しいコチョウゲンボウに対してカラスが尻尾を巻いて退散するのを見た。ゲンボウはカラスに仕返しした後で、私の目の高さを飛びながら、大きなトンボを捕まえて食べた。これにはさすがのカラスも感心したことだろうと思った。

山で過ごしたその年、全く説明のつかないアメリカカムシクイの迷鳥を観察したり、山頂に着陸した単独のハマヒバリを目撃したりした。ハマヒバリは疲れ切った様子だったが、まだ渡りを続ける元気が残っているようだった。また、野生のコケモモをお腹いっぱい食べたこともあった。しかし、観察した数々の驚異のなかでも、一番のお気に入りはカラスたちだった。彼らがいなかったら、私はどれほど多くのタカを見逃していたことだろう。

それがどういう感情なのかまでは分からない。この点に関して、最善かつ唯一の指針は直感だけしかない。1989年に出版された『ワタリガラスの謎』の中で、バーンド・ハインリックはカラスを研究していて時折感じる、意外な心の通い合いについて考察する。「カラスの鳴き声の多くは……様々な感情を表し、私のような哺乳類を意図したものではないはずの彼らの感情が、私にも感じられることに驚いている」と書いている。2羽のカラスが親密そうに寄り添っているとき、彼らが立てる「クークー」という音は、彼の耳にも優しく響く。また自分なら怒るだろうと思われる状況にいるカラスは、低い、きしるような音で不満を言い、怒りを表現しているように見える。さらにハインリックは、カラスの声やボディーランゲージから、驚き、喜び、悲しみ、虚勢、高慢など、ほかの様々な感情も感じとれると考えている。「感情は理性より『原始的』であり、多くの動物は、人間と非常によく似た感情を持っているはずである」とハインリックは言う。しかし、カラスと人間の感情の類似には何か特別なものがある。

ニューヨーク州イサカのカラス研究者ケビン・マッゴーワンは、研究対象のカラスが感情を持ち、いくつかの感情は彼自身に向けられていると確信している。町のカラスの多くは彼を毛嫌いしている。特に思い出深い若いオスのヘルパーは、コーネル大学のキャンパスで彼が標識をつけたカラスで、毎日数千人の人間が行き交うキャンパスを縄張りにしていた。このカラスは、日頃は大勢の人間が行き来するのを怒りも騒ぎもせずに見ているのに、3、4カ月に1度マッゴーワンが双眼鏡を持って巣の下に姿を現すときまって大騒ぎを起こした。「カラスはあれだけの数の人間のなかから私を見つける

幼いマリオン・ゲイナー〔＊ニューヨーク市長（1910〜13年）ウィリアム・ゲイナーの娘〕が、ペットのカラス「ピート」に餌をやっている。1900年代初期

感情は
理性より
『原始的』であり、
多くのは、
人間と非常によく似た感情を
持っているはずである

バーンド・ハインリック

と、叫びながら追い回し始めた」。もしかしたら双眼鏡が目印になっているのではないかと思い、マッゴーワンは友達に自分の格好をさせて送りだしたが、カラスは目もくれなかった。

マッゴーワンの研究活動が一番活発だった時期、カラスの間であまりにも悪い「評判」が立っていたため、彼は街のどこに行っても、怒りの嵐を巻き起こさずにはいられなかった。「カラスは1羽残らず騒ぎに加わった」と彼は振り返る。「最高で1度に75羽のカラスに追いかけられたことがある」。それまで1度も訪れたことのない縄張りに研究範囲を広げると、彼が要注意人物である旨をそこのカラスが既に知っていることがよくあった。「会った覚えがないのに、私のことを知っているカラスがいて、姿を見るなり文句を言い始めるのだった」。とうとうマッゴーワンは悪役を務めるのに嫌気がさしたので、「友達ができるといいなと思って」出会ったカラスにピーナッツを投げてやることにした。

ヒッチコック映画さながらの出来事

キャロリー・カフリーの人生はカラスの思い出話で満ちている。あるときカリフォルニア州エンシノで、花を付けたモクレンの木の下でアメリカガラスの1歳のオスとその父親が餌をあさっていた。その若いオスの妹が仲間に加わろうと飛んできたとき、カフリーが偶然散らしてしまった花びらが、兄ガラスの顔のすぐそばに着地して兄ガラスをびっくりさせた。この様子を見ていた妹は、枝の上で

明るい日差しの中、ヒメコバシガラスの耳をつんざくような鳴き声が響き渡る→

向きを変えて花のほうへとにじり寄ると、嘴で花びらをむしり取り、再び兄の頭上の位置までじりじりと引き返した。そして前かがみになり、花びらを兄のすぐそばに落としてまた兄をびっくりさせた。この行動は妹のいたずらと見なしてよいのだろうか？

また、悲しい思い出もある。あるときオクラホマ州で、繁殖中のオスとヘルパーの2羽の成鳥が、自分の属する集団から離脱して、重傷を負った家族に餌をやるために戻って来た。「悲しくも思いやりにあふれる出来事だった」とカフリーは言った。別のときにフィールドスコープで巣を観察していたところ、繁殖中のつがいがヒナに餌をやりに戻って来ると、留守中に巣がタカに襲われた後だった。「あの巣でカラスたちが上げた叫び声は、私の人生で聞いたことのないほどの、恐ろしく、身の毛のよだつような声だった」。オスは1、2分で飛び立って行ったが、メスは巣に残り、それから4時間（カフリーが渋々その場を後にするまで）、生き残ったがけがを負ったヒナの世話をした。顔をすり寄せたり、ヒナの首を持ち上げたり、頭の側面を羽繕いしたりしている間じゅう、母ガラスは「ウー」と悲しみに満ちた声を上げていた。

カフリーは、ヒナに先立たれたカラスの気持ちが分かるとは言わないが、傍で見ていた彼女自身が心を動かされて涙を流した。また、別のメスの驚異的な行動についていろいろと気になっている点がある。ＸＴの物語を覚えているだろうか？　オクラホマ州立大学近くに住んでいたオスのカラスで、２００１年に息子に縄張りを奪われ、近所の未亡人カラスと親しくなったあのアメリカガラスを？　この未亡人はＡＭと呼ばれ、全く予想外の行動に出るために、研究者たちの特にお気に入りのカラスだった。

イギリスの作家チャールズ・ディケンズはワタリガラスを3羽飼い、どれも「グリップ」と名付けた。ダニエル・マクリースによる上の絵は、1841年に死んだ最初のグリップの思い出を描いたもので、ディケンズの年長の4人の子供たちが一緒に描かれている

羽を持つ者

ある年の春、作家のルイーズ・アードリックと娘のパラスは傷ついたアメリカガラスのヒナを保護し、元気を回復するまで世話をした。ここに掲載した一節で、アードリックは「マブ」と名付けたそのカラスが数カ月後に飛び立って行った後、心に新たな認識が芽生えた日のことについて語っている。

初秋を迎えたころ、彼女（マブ）はとうとうほかのカラスの仲間になった。彼らは迎えに来て、家の周りの木からマブを呼んだ。ある日、父が訪ねて来ていたとき、机のすぐ脇の開け放した窓の敷居にマブが止まった。父と私は書斎でおしゃべりしていた。家の外では、心配そうなマブの友達が、彼女の危険な曲芸に震え上がり、ハラハラした様子で、戻って来いと呼びかけながら枝から枝へ飛び回っていた。彼女はお構いなしに書斎に入って来て、私の肩にぴょんと乗った。柔らかいキャットフードの袋を開けて差し出してやると、マブはひとかけらずつ、そっと引っ張り出した。そして、先ほど述べた会話めいたものを私たち2人と交わした（この一節の前のほうで、アードリックは次のように書いている。「互いに頷き合ったり、喉をゴロゴロ鳴らしたりするのが私たちのおしゃべりだった。彼女はよく私の指を飲み込む振りをしたり、嘴を撫でてくれとねだったりして、最後に羽繕いを頼んできた」）。マブは跳ねるように窓から出て行き、ほかのカラスたちと一緒に飛び去ると、それきり戻って来なかった。

時々、家のすぐ近くまで来るカラスがいて、それがマブではないかと考えている。カラスたちは舞い降りてきて庭の周りの木に止まると、私たちが何か食べ物を持ってきてやるまで鳴いていて、私はそのなかにマブがいると思っている。カラスたちの発言、要求やおしゃべり、口論や喜びは、とても分かりやすいように思われる。通りの先のマツの木にカラスが群がっていると、娘のパラスはそこへ行って木の下に座る。きっと、カラスたちの会話に加わっている感じがするのだろう。マブと過ごした今、私たちは万事この調子である。都会で暮らす私たちの傍らで、カラスというこの見慣れた生き物が、独自のルールや、縄張り、同盟、犯罪、祝い事のある暮らしを営んでいることを意識するようになった。今、私は書斎に1人でいて、気を散らすものは何もない。でも、あの鳴き声が聞こえる。あの暗い笑い声が聞こえる。私の脳裏を影がよぎる。執筆しているときでさえ、カラスの声に耳を澄ましているのだ。

インドのイエガラスは「いつもからかったり、叱ったり、あざ笑ったり、大笑いしたり、非難したり、罵ったりして、何かにつけて騒ぎ立てている」とマーク・トウェインは書いている。「こんなふうに意見を述べる鳥は初めて見た」

例えば、あるとき、研究者が巣まで木をよじ登って行ったことがあった。彼女は「カーカー」という怒りに満ちた鳴き声を矢継ぎ早に浴びせかけた後、研究者の頭上の木の上に飛んで行くと、嘴で激しく枝を打ち始めた。「彼女がカンカンに腹を立てているのが分かり、枝を打つのは転移の行動だと考えた」とカフリーは言う。転移とは感情の対象をほかの対象に置き換えること、いわばストレス解消法である。だが、AMの行動はそうではなかった。枝をガンガン叩き続けているとしまいに松ぼっくりが枝から外れた。それをつまみ上げ、宙に運ぶと、侵入者の頭めがけて発射したのである。「バン！　と直撃！」この不運な研究者が地面に降りて来るまでに、AMはさらに3個の松ぼっくり爆弾を投下し、そのうち2個は命中した。

AMはその春4羽のヒナをもうけていた。標識を付けたとき、3羽は健康そうですぐに巣立って行ったが、残りの1羽は弱々しく成長が芳しくなかった。ある日、カフリーは教え子の大学院生で、たまたまAMの巣のある木の向かい側に住んでいたティファニー・ウェストンから助けを求められた。発育不良のあのヒナが、彼女の家の芝生の上を歩き回っていたからである。どうすればよいだろう？

ヒナを地面に放置すれば、そのうち犬か猫に捕まってしまうだろうと経験上分かっていた。しかし、自然のプロセスに手出しすることも気が進まなかった。妥協策として、カラスのヒナを捕まえて、ドッグフードを与えてやった後、安全な枝の上に乗せてやろうとカフリーは提案した。
ヒナはまだ飛べなかったが走ることはできたので、茂みの周りを回ったり、下をかいくぐったり、通り抜けたりするヒナをウェストンが追いかけ回す騒ぎになった。そうこうしているうちに、ヒナの鳴き声や騒動を聞きつけた母親のＡＭがやって来たが、我が子が人間に追跡されている光景を目の当たりにして喜んだはずはない。声を限りに荒々しく叫ぶと、ＡＭはウェストンに何度も飛びかかっては、不吉な翼で攻撃し、頭にガツンと蹴りを一発お見舞いした。ウェストンが餌をやるためにヒナを連れて家の中に逃げると、ＡＭは窓越しに彼女をにらみ付け叫び続けた。

ヒナが餌を食べ終わると、ウェストンはヒナを外に戻し、木の上に投げてやった。こうして騒動は収まった。ところが翌日、ヒナはまだ調子が悪そうで（もう数日、辺りをうろついた後姿を消し、死んだものと思われる）、ＡＭは再び抗議行動に出た。彼女はウェストンの窓の見張りを再開し、ウェストンの動きを部屋から部屋へ追った。「本当に気味が悪かった」とカフリーは当時を振り返る。「ウェストンが居間を出てキッチンに向かうと、それまで居間の窓から覗いていたＡＭが、彼女の後をつけ回すのだった」。ＡＭは大声で叫ぶこともあれば、不気味な沈黙を守り、穴のあくほど見つめ続けているだけのこともあった。ウェストンが前から予定していた通り別の地域へ引っ越すまで、これが４日間ほど続いた。「ＡＭの行動には驚いた」とカフリーは言う。「みんなＡＭが大好きだった」。研究者たちが残念がったことに、ＡＭとその家族は全員２００３年に姿を消した。西ナイルウイルスが流行していた最中のことだった。

創造主ワタリガラスの最高のジョーク

「羽の生えた爬虫類」と呼ばれる鳥たちに、私たち人間と似通っている点がこれほど多く見られるとは、一体どう解釈すればよいだろう。そんな戸惑いと同時に、新たな気づきがもたらされる。人間とカラスとの類似は、進化の自由奔放な創造力の印であり、その無限の自由自在な表現が生命の奇跡をもたらし、人間を含め地球上の生きとし生けるものを形作ったことを思い起こさせてくれるのだ。創世神話の中で、カラスと人間はいわば生きた同音異義語だ。違う意味を持つ2種類の生き物だが同じ響きを持っている。あの神話のワタリガラスがいかにも好みそうな、下品な意味が半分を占める掛言葉のようなものだ。森羅万象に通じるこの言葉遊びは、人間が生きとし生けるものの一員にすぎないことを教え、それと同時に胸を高鳴らせる。カラスが空に舞い上がるのを見ると、私たちも天にも昇るような心持ちになる。この地球上に存在する喜びを謳歌する、彼らのお祭り騒ぎに加わるのだ。

◆ カラスダンス ◆

文化人類学者ゾラ・ニール・ハーストンが1935年にフロリダ州ジャクソンビルで録音したアフリカ系アメリカ人の民族音楽。民間伝承とは「人間の暮らしを煎じ詰めた真髄である」とハーストンは言った。

ママ、あそこにカラスがいるわ
あの飛びっぷりを見て！
このカラスが今夜飛ぶわ
あの飛びっぷりを見て！
ママ、あそこにカラスがいるわ
あの飛びっぷりを見て！
このカラスが今夜飛ぶわ
あの飛びっぷりを見て！
ママ、あそこにカラスがいるわ
カアアアー！
ママ、あそこにカラスがいるわ
あの飛びっぷりを見て！

〈注〉

直接の引用のみ注に記す

20 Raven speaks, from "Tlingit Myths and Texts: Myths Recorded in English at Wrangell: 31, Raven, Part I." http://www.sacred-texts.com/nam/nw/tmt/tmt035.htm

26 Raven speaks, from Edward Nelson, "The Eskimo About Bering Strait," *Bureau of American Ethnology Annual Report for 1896–97* 18 (1899), pt. I, quoted in Peter Goodchild, *Raven Tales*, 49, 50

27 Diamond, Jared M. *The Rise and Fall of the Third Chimpanzee* (London: Vintage, 1992), quoted Alex Kacelnik, Jackie Chappell, Ben Kenward, and Alex A. S. Weir, "Cognitive Adaptations for Tool-Related Behaviour in New Caledonian Crows," forthcoming. Available online at http://www.cogsci.msu.edu/DSS/2004-2005/Kacelnik/Kacelnik_etal_Crows.pdf.

36 "The Crow and the Pitcher," from V. S. Vernon Jones, trans., *Aesop's Fables* (London: Pan, 1975 [1912]), 23

43 キャロリー・カフリー、個人的な通信

44 Carolee Caffrey, "Catching Crows," *North American Bird Bander* 26 (October–December, 2001), no. 4: 149.

45 Ovid, *Metamorphoses*, from http://www.auburn.edu/~downejm/Ovid/Metamorph2.htm#_Toc476707511.

46–47 ケビン・マッゴーワン、個人的な通信

53 キャロリー・カフリー、個人的な通信と次の文献。"Female-Biased Delayed Dispersal and Helping in American Crows," *Auk* 109 (1992): 617

55 Robert M.Yerkes and Ada W. Yerkes, "Individuality, Temperament, and Genius in Animals," from http://www.naturalhistorymag.com/picks-from-the-past/21446/individuality-temperament-and-genius-in-animals.

57 ケビン・マッゴーワン、個人的な通信

60 ビットリオ・バグリオーネ、個人的な通信

53 "Nest Defense," .paraphrased from http://indianmythology.com/finish/seestory.php?storyID=61

70 "Raven Gets His Way," from "Tlingit Myths and Texts: Myths Recorded in English at Wrangell: 31, Raven, Part I." http://www.sacred-texts.com/nam/nw/tmt/tmt035.htm

71–72 Bernd Heinrich, *Mind of the Raven*(New York: Harper Collins, 1995), xiv

74 "The Three Ravens," from Bertrand Harris Bronson, *The Traditional Tunes of the Child Ballads*, vol. I (Princeton, NJ: Princeton University Press, 1959), 309–10

79 "The Seven Ravens," paraphrased from http://grimm.thefreelibrary.com/Fairy-Tales/55-1

81 バーンド・ハインリック、個人的な通信

82 Bernd Heinrich, *Mind of the Raven*(New York: Harper Collins, 1995), 319

85 『シートン全集』第1巻「動物記1／私の知る野生動物 2-銀の星　ある鴉の話」アーネスト・シートン著、内山賢次訳、評論社、1951年

89 "Raven Opens the Box," based on "Raven Stories by the Marshall Journalism Class, Spring, 1995." http://www.ankn.uaf.edu/NPE/CulturalAtlases/Yupiaq/Marshall/raven/RavenStealsSunStarsMoon.html

91 トーマス・バグニャール、個人的な通信

99 "Quoth the Corvid," Theophrastus, quoted in Peter Goodchild, *Raven Tales: Traditional Stories of Native Peoples* (Chicago: Chicago Review Press, 1991), 146

99 「カラスの予言」H・ダグラス＝ヒューム、『英語迷信・俗信事典』アイオウナ・オウピー、モイラ・テイタム編集、荒木正純、大熊昭信、山形和美訳、大修館書店、1994年

105 「おしゃべり上手なカラスのヘンゼル」、『ソロモンの指環：動物行動学入門』コンラート・ローレンツ著、日高敏隆訳、早川書房、1970年

111 「トロイラスとクレシダ」第3幕第5場『シェイクスピア全集』ウィリアム・シェイクスピア著、小田島雄志訳、白水社、1973年

111,113 『ワタリガラスの謎』バーンド・ハンリッチ著、渡辺政隆訳、どうぶつ社、1995年

113,115 ケビン・マッゴーワン、個人的な通信

118–19,121 キャロリー・カフリー、個人的な通信

118 『赤道に沿って』上下巻、マーク・トウェイン著、飯塚英一訳、彩流社、1999〜20年

120 "The Crow Dance," from http://www.lyonsdenbooks.com/html/sorrow3.htm Hurston's definition of folklore, quoted in John Lahr, "Troubled Waters," *New Yorker*, Dec. 20 and 27, 2004, 183

〈図版クレジット〉

Alaska State Library/39-1080/Case & Draper Photograph Collection 27; Tony Angell 41, 49, 87, 109; British Library 16 (Harley 4431), by permission of the British Library; Carl Cook vi, 3, 101; Charles Dickens Museum, 114; John Eastcott & Yva Momatiuk/National Geographic/Getty Images 81; Mary Evans Picture Library 20, 47, 52, 53, 55, 57, 65, 71, 82, 85, 87, 96, 104, 107; Florence Collection ii, 6, 17, 19, 29, 6, 34, 43, 44, 58, 63, 72, 95, 100, 101, 103, 126; Barbara Hodgson 26; Gavin Hunt 38; Zora Neale Hurston Collection, James Weldon Johnson Collection in the Yale Collection of American Literature, Beinecke Rare Book and Manuscript Library129; Dennis Johnson, Papilio/corbis 64; Loraine(Rayne) Johnson 30; Library of Congress 8(lcuszc4-889), 69 (lc-uszc4-100077), 76 (lcuszc4-88950), 113 (lc-uszc4-8266), 116 (fp2-jpd,no. 1586), 119(lc-digggbain-01179);; Arthur Morris/corbis 81; James R. Page I, 122; Franz R. and Kathryn M. Stenzel Collection of Western American Art, Yale Collection of Western Americana, Beinecke Rare Book and Manuscript Library 78, 114; West Baffin Eskimo Cooperative Cape Dorset, Nunavut 98, reproduced with permission of West Baffin Eskimo Cooperative Cape Dorset, Nunavut

Humans Around Obstacles." *Proceedings of the Royal Society of London*, B 271 (2004): 1331–36.

Fraser, O. N., and Thomas Bugnyar. "Reciprocity of Agonistic Support in Ravens." Animal Behaviour 83 (2012): 171-77.

Fritz, Johannes, and Kurt Kotrschal. "Social Learning in Common Ravens." *Animal Behaviour* 57 (1991): 785–93.

Heinrich, Bernd. "An Experimental Investigation of Insight in Common Ravens (*Corvus corax*)." *Auk* 112 (1995): 994–1003.
——— . *The Mind of the Raven: Investigations and Adventures with Wolf-Birds*. New York: HarperCollins, 1995.
———. "Testing Insight in Ravens." In *The Evolution of Cognition*, edited by Cecilia Heys and Ludwig Huber,289–310. Cambridge, MA: MIT Press, 2000.

Heinrich, Bernd, and John W. Pepper. "Influence of Competitors on Caching Behaviour in the Common Raven, *Corvus corax*." *Animal Behaviour* 56 (1998):1083–1090.

Savage, Candace. *Bird Brains: The Intelligence of Crows, Ravens,Magpies and Jays. Vancouver:* Greystone Books, 1995.
——— . "Reasoning Ravens." *Canadian Geographic* 120(January/February 2000): 22–24.

第4章

カラスの発声
Brown, Eleanor D. "The Role of Song and Vocal Imitation Among Common Crows (*Corvus brachyrhynchos*)." Zeitschrift fur Tierpsychologie 68 (1985): 115–136.
——— . "Functional Interrelationships Among the Mobbing and Alarm Caws of Common Crows (Corvus brachyrhynchos)." *Zeitschrit für Tierpsychologie* 67 (1985): 18–33.

Brown, Eleanor D., and Susan M. Farabaugh. "What Birds With Complex Social Relationships Can Tell Us About Vocal Learning: Vocal Sharing in Avian Groups." In *Social Influences on Vocal Development*, edited by Charles T. Snowdon and Martine Hasuberger, 98–127. Cambridge: Cambridge University Press, 1997.

Enggist-Dueblin, Peter, and Ueli Pfister. "Communication in Ravens (Corvus corax): Call Use in Interactions Between Pair Partners." In *Advances in Ethology* 32: *Supplements to Ethology*, edited by Michael Taborsky and Barbara Taborsky, 122. Berlin: Blackwell Wissenschafts-Verlag, 1997.
——— . "Cultural Transmission of Vocalizations in Ravens, Corvus corax." *Animal Behaviour* 64 (2002):831–41.

Richards, David B., and Nicholas S. Thompson. "Critical Properties of the Assembly Call of the Common American Crow." *Behaviour* 64 (1978): 184–203.

Thompson, Nicholas S. "Counting and Communication in Crows." Communications in *Behavioral Biology* 2 (1968): 223–25.
——— . "Individual Identification and Temporal Patterning in the Cawing of Common Crows." Communications in *Behavioral Biology* 4 (1969): 29–33.

西ナイルウイルスとアメリカガラス
Caffrey, Carolee, Shauna C.R. Smith, and Tiffany J. Weston. "West Nile Virus Devastates an American Crow Population." *Condor* 107 (2005): 128–32.

Hochachka, Wesley M., Andre A. Dhondt, Kevin J. McGowan, and Laura D. Kramer. "Impact of West Nile Virus on American Crows in the Northeastern United States, and Its Relevance to Existing Monitoring Programs." *EcoHealth* 1 (2004): 60–68.

Behaviour: Experimentally Induced Cooperative Breeding in the Carrion Crow." *Proceedings of the Royal Society of London*, B 269 (2002): 1247–1251.

Baglione, Vittorio, Daniela Canestrari, Jose M. Marcos, and Jan Ekman. "Kin Selection in Cooperative Alliances of Carrion Crows." *Science* 300 (2003):1947–49.125

Baglione, Vittorio, Jose M. Marcos, and Daniela Canestrari. "Cooperatively Breeding Groups of Carrion Crow (*Corvus corone corone*) in Northern Spain." *Auk* 119 (2002): 790–99.

Baglione, Vittorio, Jose M. Marcos, Daniela Canestrari, and Jan Ekman. "Direct Fitness Benefits of Group Living in a Complex Cooperative Society of Carrion Crows, *Corvus corone corone*." *Animal Behaviour* 64(2002): 887–93.

Caffrey, Carolee. "Female-Biased Delayed Dispersal and Helping in American Crows." *Auk* 109 (1992): 609–19.
——— . "Feeding Rates and Individual Contributions to Feeding at Nests in Cooperatively Breeding Western American Crows." *Auk* 116 (1999): 836–41.
——— . "Correlates of Reproductive Success in Cooperatively Breeding Western American Crows: If Helpers Help." Condor 102 (2000): 333–41.
——— . "Catching Crows." *North American Bird Bander* 26(October–December, 2001), no. 4: 137–50.

Canestrari, Daniela, Jose M. Marcos, and Vittorio Baglione. "False Feedings at the Nests of Carrion Crows, *Corvus corone*." *Behavioral Ecology and Sociobiology* 55 (2004): 477–83.

Ignatiuk, Jordan B., and Robert G. Clark. "Breeding Biology of American Crows in Saskatchewan Parkland Habitat." *Canadian Journal of Zoology* 69 (1991): 168–75.

Kevin J. McGowan's website. "So, You Want to Know More About Crows?"
http://www.birds.cornell.edu/crows/crowinfo.htm.

Richner, Heinz. "Helpers-at-the-Nest In Carrion Crows *Corvus corone corone*." *Ibis* 132 (1990): 105–108.

Verbeek, Nicolaas A.M., and Robert W. Butler. "Cooperative Breeding of the Northwestern Crow *Corvus caurinus* in British Columbia." *Ibis* 123 (1981): 183–89.

第3章

ワタリガラスの集団行動

Engel, Kathleen A., Leonard S. Young, Karen Steenhof, Jerry A. Roppe, and Michael N. Kochert. "Communal Roosting of Common Ravens in Southwestern Idaho." *Wilson Bulletin* 104 (1992): 105–21.

Heinrich, Bernd. "Winter Foraging at Carcasses by Three Sympatric Corvids, with Emphasis on Recruitment by the Raven, *Corvus corax*." *Behaviour, Ecology and Sociobiology* 23 (1988): 141–56.
———.『ワタリガラスの謎』バーンド・ハンリッチ著、渡辺政隆訳、どうぶつ社、1995年

Heinrich, Bernd, John M. Marzlu¤, and Colleen S. Marzluff. "Common Ravens Are Attracted by Appeasement Calls of Food Discoverers When Attacked." *Auk* 110 (1993): 247–54.

Marzluff, John M., Bernd Heinrich, and Colleen S. Marzluff. "Raven Roosts Are Mobile Information Centres." *Animal Behaviour* 51 (1996): 89–103.

Parker, Patricia G., Thomas A. Waite, Bernd Heinrich,and John M. Marzluff. "Do Common Ravens Share Ephemeral Food Resources with Kin? DNA Fingerprinting Evidence." *Animal Behaviour* 48 (1994):1085–93.

Stahler, Daniel. "Interspecific Interactions Between the Common Raven (*Corvus corax*) and the Gray Wolf (*Canis Lupus*) in Yellowstone National Park, Wyoming:Investigations of a Predator and Scavenger Relationship." Master's thesis, University of Vermont 2000.

Stahler, Daniel, Bernd Heinrich, and Douglas Smith. "Common ravens, *Corvus corax*, Preferentially Associate with Grey Wolves, Canis lupus, as a Foraging Strategy in Winter." Behaviour 64 (2002): 283–90.

カラスの貯食と認知
Bugnyar, Thomas, and Kurt Kotrschal. "Observation Learning and the Raiding of Food Caches in Ravens, Corvus corax: Is It 'Tactical' Deception?" *Animal Behaviour* 64 (2002): 185–95.
——— . "Leading a Conspecific Away From Food inRavens (*Corvus corax*)?" *Animal Cognition* 7 (2004):69–76.

Bugnyar, Thomas, Maartje Kijne, and Kurt Kotrschal. "Food Calling in Ravens: Are Yells Referential Signals?" *Animal Behaviour* 61 (2001): 949–58.

Bugnyar, Thomas, Mareike Stowe, and Bernd Heinrich. "Ravens, *Corvus corax*, Follow Gaze Direction of

(2009):1410-14. http://www.sciencedirect.com/science/article/pii/S0960982209014559

Caffrey, Carolee. "Tool Modification and Use by an American Crow." *Wilson Bulletin* 112 (2000): 283–84.

Chappell, Jackie, and Alex Kacelnik. "Tool Selectivity in a Non-primate, the New Caledonian Crow (Corvus moneduloides)" Animal Cognition 5 (2002): 71–78.
———. "Selection of Tool Diameter by New Caledonian Crows, *Corvus moneduloides*." *Animal Cognition* 7 (2004): 121–27.

Cockburn, Andrew. "Evolution of Helping Behavior in Cooperatively Breeding Birds." *Annual Review of Ecology and Systematics* 29 (1998): 141–77.

Cristol, Daniel A.,Paul V. Switzer, Kara L. Johnson, and Leah S. Walke. "Crows Do Not Use Automobiles as Nutcrackers: Putting an Anecdote to the Test." *Auk* 114 (1997): 296–98.

Emlen, Stephen T. "Evolution of Cooperative Breeding in Birds and Mammals." In *Behavioural Ecology: An Evolutionary Approach*, edited by J.R. Krebs and M.B. Davies, 301–35. Boston: Blackwell Scientific, 1991.

Hunt, Gavin R. "Manufacture and Use of Hook-tools by New Caledonain Crows." *Nature* 379 (1996): 249–51.
———. "Human-like Population-Level Specialization in the Manufacture of Pandanus Tools by New Caledonian Crows *Corvus moneduloides*." *Proceedings of the Royal Society of London*, B 267 (2000): 403–13.

Hunt, Gavin R., and Russell D. Gray. "Species-wide Manufacture of Stick-Type Tools by New Caledonian Crows." *Emu* 102 (2002): 349–53.
—— "Diversification and Cumulative Evolution in New Caledonian Crow Tool Manufacture." *Proceedings of the Royal Society of London*, B 270 (2003): 867–74.
———. "Direct Observations of Pandanus-Tool Manufacture and Use by a New Caledonian Crow *(Corvus moneduloides). Animal Cognition* 7 (2004): 114–20.

Hunt, Gavin R., Michael D. Corballis, and Russell D.Gray. "Laterality in Tool Manufacture by Crows."
Nature 414 (2002): 707.

Hunt, Gavin R., Fumio Sakuma, and Yoshihide Shibata. "New Caledonian Crows Drop Candle-Nuts on to Rock from Communally-Used Forks on Branches." *Emu* 102 (2002): 283–90.

Kenward, Benjamin, Christian Rutz, Alex A.S. Weir, Jackie Chappell, and Alex Kacelnik. "Morphology and Sexual Dimorphism of the New Caledonian Crow Corvus moneduloides, With Notes on Its Behaviour andEcology." *Ibis* 146 (2004): 652–660.

仁平義明、「ハシボソガラスの自動車を利用したクルミ割り行動のバリエーション」、『日本鳥類学会誌』44巻（1995）1号：21-35

Pain, Stephanie. "Look, No Hands!" *New Scientist* 175(2002): 44–47.

Rutledge, Robb, and Gavin R. Hunt. "Lateralized Tool Use in Wild New Caledonian Crows." *AnimalBehaviour* 7 (2004): 327–32.

Striedter, G. F. "Bird Brains and Tool Use: Beyond Instrumental Conditioning." *Brain Behavioral Evolution* 82 (2013): 55-67.

Weir, Alex A.S., Jackie Chappell, and Alex Kacelnik "Shaping of Hooks in New Caledonian Crows." *Science* 297 (August 9, 2002): 981.

第2章

頭脳の進化

Burish, Mark. J., Hao Yuan Kueh, and Samuel S.-H. Wang. "Brain Architecture and Social Complexity in Modern and Ancient Birds." *Brain, Behavior and Evolution* 63 (2004): 107–24.

Clayton, Nicola. "Corvid Cognition: Feathered apes." *Nature* 484 (2012): 453-54.

『心はどこにあるのか』ダニエル・デネット著、土屋俊訳、草思社、1997年

Emery, Nathan J. "Are Corvids 'Feathered Apes'? Cognitive Evolution in Crows, Jays, Rooks and Jackdaws." In *Comparative Analysis of Mind*, edited by S. Watanabe.Tokyo: Keiko University Press, 2004.

Kacelnik, Alex, Jackie Chappell, Ben Kenward, and Alex A.S. Weir. "Cognitive Adaptations for Tool-Related Behaviour in New Caledonian Crows." In Comparative Cognition: Experimental Explorations of Animal Intelligence, edited by A. Wasserman and T. Zentall, 515-28. Oxford University Press, 2009.

共同繁殖

Baglione, Vittorio. "History, Environment and Social

〈参考文献〉

序章

参考ホームページ
Crows.net: The Language and Culture of Crows. http://www.crows.net

「捕食者」としてのカラス
Boarman, William I. "Reducing Predation by Common Ravens on Desert Tortoises in the Mojave and Colorado Deserts." U.S. Geological Survey Western Ecological Research Center, 2002.

Marzluff, John M., and Erik Neatherline. "Corvid Response to Human Settlements and Campgrounds: Causes, Consequences, and Challenges for Conservation." *Biological Conservation*. 130 (2006): 301–14.

Neatherlin, Erik A., and John M. Marzluff. "Response of American Crow Populations to Campgrounds in Remote Native Forest Landscapes." *Journal of Wildlife Management* 68 (2004): 708–18.

第1章

基本文献
Boardman, William I., and Bernd Heinrich. "Common Raven." *The Birds of North America* 476 (1999): 1–31.

Goodwin, Derek. *Crows of the World*. London: British Museum Press, 1986.

Madge, Steve, and Hilary Burn. *Crows and Jays*. Princeton,nj: Princeton University Press, 1999.

Marzluff, John M., and Tony Angell. In the Company ofCrows and Ravens. New Haven, CT: Yale University Press, 2005.

McGowan, Kevin J. "Fish Crow." *Birds of North America* 589 (2001): 1–27.

Verbeek, N. A. M., and R. W. Butler. "Northwestern Crow." Birds of North America 407 (1999): 1–21.

Verbeek, N. A. M., and C. Caffrey. "American Crow." *Birds of North America* 647 (2002): 1–35.

カラスの神話と伝説
Blows, Johanna M. *Eagle and Crow: An Exploration of an Australian Aboriginal Myth*. New York: Garland, 1995.

Goodchild, Peter. *Raven Tales: Traditional Stories of Native Peoples*. Chicago: Chicago Review Press, 1991.

Grimm, Jacob and Wilhelm. *Children's and Household Tales*. http://grimm.thefreelibrary.com/Fairy-Tales/55-1

Lindemans, Micha F. "Odin." *Encylopedia Mythica*. http://pantheon.org/articles/o/odin.html

Nelson, Edward W. "The Eskimo About Bering Strait." *Bureau of American Ethnology Annual Report for 1896–97* (1899), pt. 1.

『英語迷信・俗信事典』アイオウナ・オウピー、モイラ・テイタム編集、荒木正純、大熊昭信、山形和美訳、大修館書店、1994年

Ovid. *Metamorphoses*. classics.mit.edu/Ovid/metam.html

"Raven's Stories."*Marshall Cultural* Atlas. http://ankn.uaf.edu/Resources/mod/glossary/view.php?id=28&mode=entry&hook=12312

Ross, Anne. Pagan Celtic Britain: Studies in Iconography and Tradition. London: Routledge and Kegan Paul, 1967.

"Tlingit Myths and Text Index." http://www.sacred-texts.com/nam/nw/tmt/

"Valkyries, Wish-Maidens, and Swan Maids." http://www.vikinganswerlady.com/valkyrie.shtml

鳥類の進化
Chatterjee, Sankar. *The Rise of Birds: 225 Million Years of Evolution*. Baltimore: Johns Hopkins University Press,1997.

『鳥の起源と進化』アラン・フェドゥーシア著、黒沢令子訳、平凡社、2004年

Padian, Kevin, and Luis M. Chiappe. "The Origin andEarly Evolution of Birds." *Biological Review* 73 (1998):1–42.
———. "The Origin of Birds and Their Flight." *Scientific American* 278 (1998), no. 2: 38–47.

道具を使うカラス
Bird, Christopher D., and Nathan J. Emery. "Insightful Problem Solving and Creative Tool Modification by Captive Nontool-Using Rooks. *Proceedings of the National Academy of Sciences of the United States of America* 106 (2009): 10370-75.
———. "Rooks Use Stones to Raise the Water Level to Reach a Floating Worm." *Current Biology* 19

〈索引〉

〔さ行〕

〔は行〕

〔わ行〕

〔他〕

著者：カンダス・サビッジ

1949年生まれ。カナダ出身のノンフィクション作家。2012年に『A Geography of Blood: Unearthing Memory from a Prairie Landscape（血塗られた地形：大草原の風景から忘れられた記憶を掘り起こす）』でヒラリー・ウェストン・ノンフィクション文学賞を受賞。『Canadian Geographic』などの多くの定期刊行物に寄稿しており、愛嬌のある文章と旺盛な執筆活動で多くの人を魅了している。

『Wonder of Canadian birds（カナダの鳥を探して）』（1985年）、『Bird Brains（鳥の頭脳）』（1995年）、『Prairie: A Natural History（プレーリー：博物学）』（2004年）など著書多数（いずれも未邦訳）。

監修：松原 始

1969年生まれ。奈良県出身。京都大学理学部卒業。同大学院理学研究科博士課程修了。京都大学理学博士。専門は動物行動学。東京大学総合研究博物館勤務。研究テーマはカラスの生態、および行動と進化。

著書に『カラスの教科書』（講談社文庫）、『カラスの補習授業』（雷鳥社）、『カラス屋の双眼鏡』（ハルキ文庫）、『カラスと京都』（旅するミシン店）。監修書に『カラスのひみつ（楽しい調べ学習シリーズ）』（PHP 研究所）がある。

カラスの文化史

2018年5月1日　初版第1刷発行

著者　カンダス・サビッジ
監修　松原 始
訳者　瀧下哉代

発行者　澤井聖一

発行所　株式会社エクスナレッジ
http://www.xknowledge.co.jp/
〒106-0032　東京都港区六本木7-2-26

問合せ先　編集　TEL. 03-3403-1381
FAX. 03-3403-1345
info@xknowledge.co.jp
販売　TEL. 03-3403-1321
FAX. 03-3403-1829